# 百鸟岁时

## 江户时代的风雅灵鸟画

Birds of Edo
A Guide to Classical Japanese Birds

[日] 田岛一彦 主编
陈彦坤 译

電子工業出版社
Publishing House of Electronics Industry
北京 · BEIJING

Originally published in Japan by PIE International
Under the title 美し、をかし、和名由来の江戸鳥図鑑
(*Birds of Edo:A Guide to Classical Japanese Birds*)

日本語版デザイン：淡海季史子
PIE International
Simplified Chinese translation rights arranged through Copyright Agency of China,CHINA


版权贸易合同登记号 图字：01-2021-0834

图书在版编目（CIP）数据

百鸟岁时 ： 江户时代的风雅灵鸟画 / (日) 田岛一彦主编 ； 陈彦坤译. -- 北京 ： 电子工业出版社, 2024.9
ISBN 978-7-121-46801-8

Ⅰ. ①百… Ⅱ. ①田… ②陈… Ⅲ. ①动物－图集 Ⅳ. ①Q95-64

中国国家版本馆CIP数据核字(2023)第230771号

责任编辑：于庆芸　　特约编辑：赵清清
印　　刷：天津市银博印刷集团有限公司
装　　订：天津市银博印刷集团有限公司
出版发行：电子工业出版社
　　　　　北京市海淀区万寿路173信箱　邮编：100036
开　　本：787×1092　1/16　　印张：13.25　　字数：296.8千字
版　　次：2024年9月第1版
印　　次：2024年9月第1次印刷
定　　价：108.00元

凡所购买电子工业出版社图书有缺损问题，请向购买书店调换。若书店售缺，请与本社发行部联系，联系及邮购电话：（010）88254888，88258888。质量投诉请发邮件至zlts@phei.com.cn，盗版侵权举报请发邮件至dbqq@phei.com.cn。

本书咨询联系方式：（010）88254161~88254167转1897。

# 读者服务

读者在阅读本书的过程中如果遇到问题，可以关注“有艺”公众号，通过公众号与我们取得联系。此外，通过关注“有艺”公众号，您还可以获取更多的新书资讯、书单推荐、优惠活动等相关信息。

扫一扫关注“有艺”

**投稿、团购合作：**请发邮件至 art@phei.com.cn。

# 江户时代鸟类图鉴

《万叶集》是日本最早的诗歌总集，编写于1200年前的奈良时代。《万叶集》不仅收录了当时关于鸟类的诗歌，也记录了这些鸟类的名称。到了平安时代，日本第一部日语汉字字典《和名类聚抄》面世。除了列举鸟类的名称，这部字典第一次添加了简单的描述，这些描述可以帮助确定鸟类的名称。然后，在江户时代，日本开始形成以植物学和动物学为基础并包罗万象的日本博物学，出版了多部本草和家禽图鉴，例如京都儒学家中村惕斋于1666年编纂的《训蒙图汇》。作为一部启蒙插图百科全书，《训蒙图汇》不仅提供鸟类的名称，而且带有描绘鸟类细节特征的彩色插图，相当准确地描述了69种鸟类。1789年，这部广受欢迎的启蒙书发行了增订本——《训蒙图汇大成》。1715年，日本植物学家贝原益轩编译的《大和本草》正式发行。《大和本草》是一部关于日本草药的图鉴。这部图鉴以作者自己观察得出的经验为主，而非完全借鉴当时流行的中国植物学著作，被视为日本草药医学（本草学）的开山之作。《大和本草》介绍了33种鸟类，在当时被认为只有一种是非日本本土物种。作为日本宗达光琳派的创立者，京都著名画家尾形光琳也曾运用装饰画风格创作动物图鉴，例如，大约1700年完成的《鸟类写生帖》。《鸟类写生帖》描绘了58种鸟类，包括斑鸠、野鸭、鹤及极乐鸟。1840年左右，也就是江户时代末期，旗本（武士的一种身份）博物学家和本草插图画家毛利梅园编绘了《梅园禽谱》。《梅园禽谱》包含107种鸟类的精美图鉴，每幅图都标注了创作日期。本书所有插图均来自《梅园禽谱》。在江户时代的博物绘画创作中，鸟类主题的作品无论数量还是质量都独占鳌头，而《梅园禽谱》更是其中的佼佼者——其栩栩如生的鸟类形象不仅传神，更倾注了当时日本画家的情感。

# 四季鸟类和日文名称的由来

虽然翅膀为大部分鸟类提供了翱翔天际的自由，但它们也必须遵从自然生存法则。例如，迁徙是众多鸟类生活中的一项重要活动，也就是说它们必须根据季节变化更换栖息地。日本的春、夏、秋、冬四季分明，当地居民也形成了对应的习惯。自古以来，当人们抬头仰望天空，感受四季的风时，鸟儿也在感受着相应的季节变化。本书挑选《梅园禽谱》中的作品作为图鉴，根据季节划分章节，即按照鸟类出现在日本本州岛中部地区的时间先后排序。此外，本书还将通过单独的章节介绍家禽和宠物鸟。作为一本鸟类图鉴，本书的每个条目都会搭配一幅或多幅精美的图鉴，同时注明这种鸟类的标准日文名称和由来，以及别名、方言名称和古名。有些鸟类有各种各样的名称。以日本树莺为例，据称日本树莺的名称源于其叫声，也被称为报春鸟、香鸟、花见鸟、歌咏鸟等，而且很多名称都与春天相关，可以想象它们在春季伴着盛放的花朵和扑鼻的香气鸣唱的样子。同日本树莺一样，有些鸟类的日文名称源于叫声，还有一些则来自其行为（生态学）。例如，据称鱼鹰得名的部分原因来自其“探水”的动作：从空中发现水中的鱼后，鱼鹰将突然下降并用爪探入水中抓捕猎物。羽毛的颜色及外形也可能成为鸟类得名的原因。翠鸟是源自奈良时代的古词，意为“蓝色的鸟”。人们喜欢选择大而强壮的鹰用于狩猎，并称之为“大鹰”。很多鸟类都有多个日文名称，而关于这些名称的由来说法很多，不同研究人员也给出了迥异的解释。本书并没有罗列所有的名称和理论，但也会尽可能完整地描述这些熟悉的鸟类，阐述它们在悠久历史中的名称演变。此外，本书还介绍了与这些鸟类相关的日本文化，包括歌曲和民俗等方面的内容。自古以来，日本人就喜爱鸟类，一直保持着观察和记录鸟类（名称和外形）的习惯。衷心希望书中关于鸟类的美丽故事及江户时代的精美艺术作品能给你带来美的享受。

# 本书使用指南

1 栗耳短脚鹎

鹎
Hiyodori

2 鹎鸟
Hiedori

鹎
Hiyo Hiedori

比与止利
Hiyodori

比衣土里
Hiidori

3 雀形目鹎科短脚鹎属，拉丁文学名为 Hypsipetes amaurotis，身长约 28 厘米，主要分布于日本群岛，偶尔也见于朝鲜半岛。这种鸟类整体为灰色，面颊为栗色，后背为深灰色，胸部为灰棕色，带有白色斑点。平安时代[1]，栗耳短脚鹎被称为“比衣土里”，室町时代[2]则被称为“鹎鸟”和“鹎”，据称它们的日文名称“鹎”源于其高亢的叫声，听起来类似“兮呦”。此外，栗耳短脚鹎还有一个别称叫“花住”，因为它们可以吸吮花蜜为食，日本暗绿绣眼鸟也有相同的别称。栗耳短脚鹎是现代日本人熟悉的一种鸟类，是花园里的常客，但在古代日本人对它们的了解似乎并不深，因为古典文学中很少提及这种鸟类。

1　平安时代（794—1192），是日本古代的一个历史时期。

2　室町时代（1336—1573），是日本历史中世时代的一个划分，上承镰仓时代，下启安土桃山时代。

15

【说明】

· 本书所有图片均来自《梅园禽谱》，按照鸟类在“本州岛（日本主岛）中部地区最常出现的季节”划分为春、夏、秋、冬的鸟类，以及家禽与宠物鸟的章节。

· 每种鸟类的说明页均包含以下内容：

❶ 中文学名、日文学名的汉字表达及其罗马字母发音

❷ 日文别称、方言名称、古名及其罗马字母发音

❸ 说明该鸟类物种的分类、学名、身长及日文名称的由来等

· 原书所有鸟类物种的拉丁文学名和英文名称均以（日本鸟类学会）《日本鸟类目录》第 7 版修订版为准。中译本则参考康奈尔大学鸟类实验室“世界鸟类大全”（*Birds of the World-The Cornell Lab of Ornithology*）及《中国鸟类分类与分布名录》（郑光美主编，北京：郑光美，科学出版社，2017）。

【注】

· 本书所有图片均选自日本国立国会图书馆数字馆藏的《梅园禽谱》，但出版时对图像进行了调整，例如校正原始图像的色调、拼接图像和移动字符等。

· 由于图像创作于江户时代，因此可能与现代观点有所偏差，对物种的准确辨识有一定影响。

春季鸟类

爾雅集注云
鵯 一名鶬 一名鵯鶋 一名鸒鶋
雅而多群腹下白者江東呼為鵯鳥

鵯 ヒヨトリ 順和名抄

鸜鵒 和俗用此字不詳

栗耳短脚鹎

鹎
Hiyodori

鹎鸟
Hiedori

鹎
Hiyo Hiedori

比与止利
Hiyodori

比衣土里
Hiidori

雀形目鹎科短脚鹎属，拉丁文学名为Hypsipetes amaurotis，身长约28厘米，主要分布于日本群岛，偶尔也见于朝鲜半岛。这种鸟类整体为灰色，面颊为栗色，后背为深灰色，胸部为灰棕色，带有白色斑点。平安时代[1]，栗耳短脚鹎被称为“比衣土里”，室町时代[2]则被称为“鹎鸟”和“鹎”，据称它们的日文名称“鹎”源于其高亢的叫声，听起来类似“兮呦”。此外，栗耳短脚鹎还有一个别称叫“花住”，因为它们可以吸吮花蜜为食，日本暗绿绣眼鸟也有相同的别称。栗耳短脚鹎是现代日本人熟悉的一种鸟类，是花园里的常客，但在古代日本人对它们的了解似乎并不深，因为古典文学中很少提及这种鸟类。

1　平安时代（794—1192），是日本古代的一个历史时期。

2　室町时代（1336—1573），是日本历史中世时代的一个划分，上承镰仓时代，下启安土桃山时代。

白头鹎

白头
Shirogashira

白头翁
Hakutoo

白头莺
Hakutoo

白头公
Hakutoko

雀形目鹎科鹎属，拉丁文学名为 Pycnonotus sinensis，分布于中国东南部、中南半岛以及日本的八重山群岛和冲绳主岛。白头鹎身长约 19 厘米，体型介于麻雀和灰椋鸟之间，主要以水果和昆虫为食。白头鹎的额头及面部为黑色，背部为灰绿色，翅膀和尾巴为黄绿色，腹部为白色，由于眼睛上方到后枕部有醒目的白色羽毛而得名白头鹎或白头翁。该物种现在的标准日文名称为“白头”。它们会发出“啾”“咻”“啾啾”等各种各样的声音。白头鹎在中国自古以来就被饲养，经常出现在唐代的花鸟绘画作品中，并在江户时代[1]中期作为宠物鸟引入了日本。

1 江户时代（1603—1868），是日本历史上武家封建时代的最后一个时期。

白頭翁
乙亥十月廿四日
網捕去寫

云雀

云雀
Hibari

告天子
Kotenshi

天鹨
Tenryo

姬雏鸟
Himehinadori

乐天
Rakuten

雀形目百灵科云雀属，拉丁文学名为 Alauda arvensis，分布于欧亚大陆和非洲北部，在日本全境都能见到。云雀身长约 17 厘米，头部有冠，背部有黑褐色斑纹。自奈良时代[1]以来就被称为“云雀”，据说是因为“在晴朗的日子里歌唱”而被称为“日晴”，后来演变为“云雀”。还有一种观点认为“百灵”这一名称源于它们婉转的叫声。中文名称“云雀”表示“一种能够高飞入云的小鸟”，而“告天子”的别称也被认为是从表示“升天程度”的汉字意思中得来的。此外，“云雀的初啼”也被作为春天到来的象征之一。所以，种种传说表明自古以来云雀就是一种常见且深受人们喜欢的鸟类。

1　奈良时代（710—784，一说结束于 794 年），是日本古代的一个历史时期，上承飞鸟时代，下启平安时代。

三才圖會
# 告天子 ヒバリ

天鷚 尓雅

告天鳥 同上

呌天子 潜確類書

雲雀 崔氏食鏡

三才圖會
黎明ノ時遇ニ天晴霽ニ則且飛且鳴ク直ニ上ル雲端ニ其声連綿トメ不已ニ云呌天子ト又常熟縣志江陰縣志ニ載タリ

鳥賞安子ニ出ス告天子（ギウ）此鳥唐人持渡リシ鳥ニテ唐ノ雲雀也ト云ヘリ日本ノ雲雀ヨリ状大也頭少シヒラタク斑合薄赤黒色首ニ白キ輪ノ斑アリ足ノ跗凡常ノ鳥ト同天明年ノ頃琉球ヨリ渡ル啼音ヲ聞カス唐ニテ此鳥ニテ會ヲ催シ啼勝ルヲ上トス啼負ノ鳥ヲ勝鳥ノ方ヘ渡ス由聞ツクヘシ一躰鳥ノ状雲雀ニ似リト云ヘリ予考ニ大和本草ニハ告天子ヲヒバリトス三才圖會及常熟縣志潜確類書ヲ引テ載タリ國俗雲雀ト書ク出所不見トアリ然ド崔氏食鏡ニ雲雀ヲ出ス○大ヒバリ○ギウヒバリ一名田ヒバリヲ載ス ギウヒバリハ一名大雲雀ト云雲雀ヨリ大ナリ冬ハ田ニアリ餘時ハ不居又天ニ登ラズ故ニ田ヒバリト云サスレハ唐モ和モ告天子ナルヘシ唐ト和トハ斑ノカワリ有ヘシ猶可考

丙申四月二日

真寫

月令廣義曰

報春鳥（ウクイス）（ハルツゲドリ）

或曰婆餅焦

石川丈山 剖葦ヲウクイストス

本邦誤鸎鳥ト訓ス

月令 倉庚（サウカウ）

尓雅 商庚

待征 黄鳥

説文 黄鸝

左傳 青鳥

搏黍 齊人

楚雀 同人

尓雅 鵹黄 金衣公子

黄袍

甲午初冬十二日 真寫

報春鳥ハ諸鳥ノ内スグレテ声ヲ貴ム君人詩歌多シ

# 日本树莺

莺
Uguisu

报春鸟
Hoshuncho

春告鸟
Harutsugedori

匂鸟
Nioidori

花见鸟
Hanamidori

歌咏鸟
Utayomidori

雀形目树莺科树莺属，拉丁文学名为 Horornis diphone，也称为短翅树莺，分布于东亚和东南亚地区，雄鸟身长约 16 厘米，雌鸟身长约 14 厘米。日本树莺外观总体为褐色，没有明显的特征，但以其独特的叫声广为人知。江户时代之前，人们认为日本树莺的叫声类似“乌 - 圭”，这也被认为是它们日文名称“莺”的语源。《古今和歌集》记录的日本树莺叫声为“乌 - 希斯”，距今 200 到 300 年的《法华经》记载的叫声则与现代记载的叫声接近。长期以来，日本树莺一直被视为春季的象征,因此也有“春告鸟”“花见鸟”“匂鸟”等别称。

鸐雉 ヤマトリ 山鳥俗名 山維
山雉 鸐ケキ雞 角佳
七巻食経曰 山鷄 一名 鵕鸃 和名 夜萬土利
今按ニ山鷄鵕鸃ノ種類各ニ異リ見リ漢書注ニ鵕鸃ハ則金鷄也
丙申春櫻月十日
真寫

野雉
高麗雉 コウライギジ
丙申三月九日
真寫

雉
キジ　キヾス
雉不能遠飛ヿ我居ニ山ヨリ
不行他ノ山ニ他鳥ニ異リ
漢ノ呂后ノ名ヲ雉ト避テ
雉ヲ野雞ト名ク
丙申三月十有六日
真寫

雉 キジ キヽス
野雞 華蟲 尚書
䟽趾 曲禮
迦頻闍羅 梵書
壬辰閏十一月廿有八日
求之真寫

# 铜长尾雉

山鸟
Yamadori

山鸡
Sankei

远山鸟
Toyamadori

野鸡
Takuchi

鸡形目雉科长尾雉属，拉丁文学名为 Syrmaticus soemmerringii，属于日本特有物种，分布于本州、四国和九州。铜长尾雉的雄鸟身长约 125 厘米，雌鸟身长约 55 厘米；雄鸟全身为铜棕色，背部有黑色和白色斑点，长尾巴为红褐色，并带有黑色和白色的横纹；雌鸟面部的颜色较浅，尾巴较短。这种鸟是日本秋田县、群马县和宫崎县的县鸟（宫崎县县鸟是铜长尾雉的一个亚种——白腹雉。自奈良时代以来，这种鸟就被称为“山之鸟”，意思是“山中的鸟”。据称铜长尾雉习惯白天聚在一起，夜间雌鸟和雄鸟则会在同一座山峰的两侧休息，因此古典文学经常用这种鸟类来隐喻“分居”。《万叶集》收录了 5 首与铜长尾雉相关的诗歌。此外，由于其肉质鲜美，所以铜长尾雉一直是日本重要的猎禽之一。

# 绿雉

## 雉
Kiji

雉子
Kigisu

野鸡
Yakei

妻恋鸟
Tsumakoidori

山梁
Sanryo

鸡形目雉科雉属，拉丁文学名为 Phasianus versicolor，日本特有物种，分布于本州、四国和九州，雄鸟身长约 80 厘米，雌鸟身长约 60 厘米，是日本的国鸟。雌鸟在远古时代被视为母爱的象征，这是绿雉当选日本国鸟的重要原因之一。雄鸟的尾巴较长，身体的色彩艳丽而丰富，有红色、海军蓝、暗绿和浅蓝色羽毛，雌鸟全身为棕褐色。绿雉的日文名称可能是古名的缩写，主要因为其叫声类似古名的发音，在其后面再加上表示“鸟”的后缀，就组成了它的日文名称。自古以来，绿雉就深受日本人喜爱。环颈雉是绿雉的一个近亲物种（请参见第 23 页），分布于欧亚大陆，而且这种鸟类深受尼泊尔尤其中国藏传佛教信徒的尊崇，被视为圣鸟。

# 红胸田鸡

## 绯水鸡
Hikuina

## 绯秧鸡
Hikuina

## 钲叩
Kanetataki

鹤形目秧鸡科田鸡属，拉丁文学名为 Zapornia fusca，从印度到东南亚和东亚都有分布，日本是其最北端的栖息地。红胸田鸡身长约 23 厘米，面部和胸部为红棕色，头顶到背部为暗橄榄褐色。过去，红胸田鸡与近亲秧鸡合称为“水鸡”。日文名称“绯水鸡”源于其红棕色的胸部和腹部，意思是“绯红色的水鸡”。红胸田鸡可以发出类似轻轻敲击的叫声，繁殖季节则会发出快节奏的“叩、叩、叩、叩”的叫声，类似敲门声。《源氏物语》和《更级日记》等古典文学中曾用红胸田鸡的叫声来描绘男性敲响女性房门的声音。“绯秧鸡”和“钲叩”是红胸田鸡的日文别称。

崔禹錫食經云
鼁鳥 和名久比奈漢語抄云水鷄

秧雞（クヒナ） 又 水鷄

壬辰南呂于毓木
某送真寫

緋秧雞（ヒクヒナ）

小ナルヲ黒鳥（クロ）ト云秧鷄トハ
大ナルヲ云大小共ニ渡リ鳥ナリ
目足赤シ故ニ日本記皇極
記ニ水鷄ヲ倶比那（クヒナ）ト訓スク
イナ抑クハ黒鳥ナリ夜ナキ
テ其声人ノ戸ヲ扣クカ如シ故ニ
歌人詠之是黒鳥ナリ

方目
小バン
鷭又梅首鷄
漁人呼テ烏鷄トス

# 黑水鸡

## 鷭

Ban

护田鸟

Ozumedori

小鷭

Koban

梅首鸡

Baishukei

田鸡

Denkei

鹤形目秧鸡科黑水鸡属，拉丁文学名为Gallinula chloropus，广泛分布于欧亚大陆的温带及以南地区、非洲、中南美洲，身长约32厘米。顾名思义，黑水鸡整体为黑色，但喙和额是对比鲜明的红色。包括鹤在内，秧鸡科鸟类都有长腿和长趾的特征。据称黑水鸡的日文名称“鷭”源于它们长期生活在稻田且很少离开的习性，意思是“守护田地的鸟”。黑水鸡还有古代别称，例如“黑鸟”和“乌鸡”。江户时代，“鷭”似乎是一个通用的名称，因为大黑水鸡和白骨顶鸡，也被称为“鷭”。不过，大黑水鸡的额头和喙呈灰白色，通过外形区分相对容易。

# 黒野鴨

一種 ハジロト云 江戸

江戸ニテ羽白ト呼此鳥羽不白羽白ト
羽ノ各白キ鳧ヨウナレ𪜈此黒鳧
老スレハ觜ノ先皆白色トナル故ニ觜
白ヲ通称ハ白ト云一種深黒ノ者アリ
黒カモ又黒トリト云海ニアリ性甚
味アシヽ不可食ハジロハ味クロ鳧
ニ勝レリ可食

天九戊戌年正月廿日
得之翌六日筆始真
寫

## 崖海鸦

## 海乌

Umigarasu

## 海鸦

Umigarasu

鸻形目海雀科鸥属，拉丁文学名为Uria aalge，广泛分布于北美洲和欧亚大陆中北部的沿海及近海地区。崖海鸦身长约43厘米，主要生活在海洋，以捕捉鱼类为食，在沿海悬崖筑巢繁殖，过着群居生活。由于生活在海洋，有黑色的喙，而且在夏季它们从头到尾（除腹部之外）都覆盖着黑色的羽毛，类似乌鸦，因此它们还有一个别称“海鸦”。此外，崖海鸦因为叫声得到了一个“啰啰鸟”的俗称。由于北海道天卖岛（天売岛）是崖海鸦在日本境内唯一的繁殖地，加上目前的繁殖数量较低，因此崖海鸦已作为濒危物种列入了日本濒危动物红皮书名单。

多識編

燕（ツバメ・ツバクラ）　乙鳥　説文　鷰　爾雅注

玄鳥　禮記　鷙鳥　古今注

鷾鴯　荘子　游波　炮炙論

天女　易占

○越燕○胡燕

乙亥三月十六日
捕之直寫

燕ニ種アリ一種ハ越燕古來ヨリ日本ニ渡ル一種ハ胡燕近年渡ル山ツバメ唐ツバメトモ云リ常ノ越燕ヨリ稍大也胸ニヒハリノ如キ斑アリ尾ツバノ上カキ色腹黄ナリ山上岩穴ニスム巣ノ穴横ニ長シ服ヨリ出入ス越燕ノ巣上ヨリ出入スルニ異リ

# 家燕

燕
Tsubame

豆波久良米
Tsubakurame

紫燕
Shien

乙鸟
Occho

乌衣
Ui

玄鸟
Gencho

雀形目燕科燕属，拉丁文学名为 Hirundo rustica，身长约 17 厘米。家燕是一种全球性鸟类，通常夏季生活在北半球，冬季则前往南半球越冬。自奈良时代起，家燕就是日本人熟悉的一种鸟类，在古代被称为“燕子群”，源于它们“啾噼啾噼”的叫声以及成群栖息的特性。在日本，家燕被视为春天的象征，经常作为春季的信使出现在文学作品中。而且，家燕是一种益鸟，可以捕食众多有害的昆虫，保护植物和水稻等庄稼。日本人普遍认为，燕子在屋檐下筑巢会带来幸福和好运。甚至，家燕也经常作为正面角色出现在欧洲和美国的文学与民间传说中，例如《快乐王子》和《拇指姑娘》等。

# 暗绿绣眼鸟

绣眼儿
Mejiro

白目眶
Mejiro

白眼儿
Mejiro

花吸
Hanasui

雀形目绣眼科绣眼属，拉丁文学名为 Zosterops japonicus，从日本群岛到东南亚都可以见到，身长约 12 厘米。暗绿绣眼鸟的头和背为黄绿色，喉部为黄色，腹部为灰棕色，可以发出小而尖的“嗤～嗤～”声。自室町时代开始，它们就因为眼睛周围的白环获得了“白目”的日文名称。根据江户时代的文献记载，这种鸟之所以得名“绣眼鸟”，是因为它们眼圈下方的黑色细纹，而“儿”是一种亲昵地称呼小动物的表达方式。因为它们喜欢吸食花朵的花蜜，所以也有“花吸”等方言别称。图中暗绿绣眼鸟的姿势看起来似乎有些怪异，因为它正在与同一根树枝上栖息的多只同类争夺空间。

常熟縣志出

# 繡眼兒

メジロ

目白ノ目ブチ逢ルカ如シ故ニ繡眼ト名ク云ニ

壬辰十一月二日
真寫

唐韻云
烏和名加良須 孝鳥也 兼名苑ニ云 烏一名鵶亦作鴉 爾雅云
純黒ニシテ而反哺スル者ヲ謂フ之ヲ烏ト

慈烏 ホソガラス 觜ボソト云
烏 カラス

時珍曰烏ニ有四種 本邦ニ慈烏 烏鴉 又山鴉 深山烏アリ 慈烏ハ小也 常ノ烏也
群飛ス 悪食ヲセズ 穀類ヲ食フ 故ニ本草ニ
慈烏ハ可食 烏鴉ハ腥多ニ不可食ト
云リ 觜大ニシテ性貪ナル悪食ヲナス 形モ
慈烏ヨリ大ナリ 形状ハ相同ジ 觜ト形ト
大ナルノミ 烏鴉臘月ニトリ 羽觜口足
ヲ全ク用ユ 尾嘴ニ入焼テ存性用之
功能多シ 倭方ニ多ク用ユ
時珍曰此鳥初生母哺六十日
長スレバ則反哺六十日 可謂ニ
慈孝ト 矣 説文ニハ孝鳥ト云
歐陽永叔曰凡禽鳥ノ
雌雄ハ多ク以テ首尾
毛色ヲ不同ヲ別ツ之
鳥ノ首尾毛色
鳩鴿不異人ノ
所難キ別チ
則烏也

丙申九月廿五日
楳之眞寫

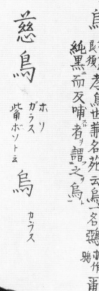

# 小嘴乌鸦

细嘴乌鸦

Hashibosogarasu

| | | | |
|---|---|---|---|
| 细嘴乌<br>Hashibosogarasu | 乌鸦<br>Karasu | 慈乌<br>Jiu | 孝乌<br>Kocho |

雀形目鸦科鸦属，拉丁文学名为 Corvus corone，身长约 50 厘米，广泛栖息于欧亚大陆的中部和北部，包括日本。这种鸟类全身覆盖富有光泽的黑色羽毛，雌雄个体的羽色没有明显差异。早在奈良时代，日本人就将其称呼为“乌鸦”，但没有区分具体物种。关于语源，有一种说法是它来自“黑”这个词的变化，另一种说法是它来自乌鸦“嘎嘎”的叫声，并在其后面加了表示“鸟”的古后缀衍变而来。乌鸦是日本人早已熟悉的鸟类之一，《万叶集》收录了 4 首关于乌鸦的诗歌。日本常见的乌鸦包括细嘴乌鸦和普通乌鸦，普通乌鸦的喙比细嘴乌鸦粗且弯曲。江户时代中期，两个物种就已经有了不同的名称。

唲兒鳥　俗云河鳥

此鳥生山邊溪河之畔數十成群人ヲ見テ河。順遠去

# 褐河乌

## 河乌

Kawagarasu

雀形目河乌科河乌属，拉丁文学名为 Cinclus pallasii，分布于喜马拉雅山脉以及中国、东南亚和中亚地区，身长约 22 厘米，全身羽毛为深褐色，部分为黑褐色，叫声粗重而浑浊。得名“河乌”是因为它们总是栖息在河中，并且像乌鸦一样全身呈黑色。顾名思义，褐河乌具有独特的生活习性，包括浅水漫步、用翅膀游泳、潜水捕食水生昆虫和小鱼。尽管名称中带有“乌”字，但如上所述，褐河乌属于始终不离开水的鸟类，而非陆生乌鸦。自安土桃山时代[1]以来，褐河乌一直被称为“河乌”，别称“沙哑的河乌”。

1 安土桃山时代（1573—1603），又称织丰时代，织田信长与丰臣秀吉称霸日本的时代。上承室町时代，下启江户时代。

# 煤山雀

## 日雀
Higara

## 火雀
Higara

雀形目山雀科煤山雀属，拉丁文学名为 Periparus ater，是欧亚大陆分布广泛的一种鸟类。作为最小的山雀，煤山雀身长只有约 11 厘米，头顶和喉部为黑色，颊为白色，羽冠短，后颈中央有细长的带状白斑，背部为蓝灰色，翅膀有两道明显的白色条纹。自室町时代起，煤山雀就被称为“日雀”，据称日文名称源于“鸣叫的乌鸦”。“雀”、“山雀”以及“大山雀”都属于通用称呼，表示小型鸟类。此外，右图下方所绘的是一只黄眉姬鹟：雀形目鹟科姬鹟属，拉丁文学名为 Ficedula narcissina，身长约 14 厘米。黄眉姬鹟的日文名称意思是“黄色的捕蝇鸟”。

火雀 ヒガラ
大火雀 小火雀
アリトヱ
黄ビタキ
丙申九月十二日
捕之真鳴

夏季鸟类

普通翠鸟

翡翠

Kawasemi

鱼狗

Gyoku

鴗

Soni Sobi

鴗鸟

Sonitori

翡翠

Hisui

鱼师

Gyoshi

川雀

Kawasuzume

佛法僧目翠鸟科翠鸟属，拉丁文学名为 Alcedo atthis，从欧洲到东南亚都有广泛分布，身长约 17 厘米，背部为蓝色，腹部为橙色。据称翠鸟的日文名称“翡翠”源于奈良时代的古词，意思是“蓝色的鸟”，后在此基础上进行衍变，并且还有反映它们生活在水边这一习性的别称“川”。在奈良时代，翠鸟也被称为“鴗鸟”，《古事记》中有一句歌颂翠鸟的歌词，意思是“翠鸟的蓝色袍服”。从室町时代起，翠鸟也被称为“美玉”，并将此鸟名用作宝石的名称。江户时代，这种常见的鸟类有超过 100 个别称和方言名称。

魚狗（セウビ・カワセミ）

天狗 尔雅 水狗 同

鴗 同 魚虎 禽経 魚師 同

翠碧鳥（スイヘキ）

乙亥八月七日

道灌下小流

趍眞寫

其二

丙申仲夏十日
真寫

小杜鹃

杜鹃

Hototogisu

| 时鸟 | 古恋鸟 | 不如归 | 沓手鸟 | 卯月鸟 | 妹背鸟 |
|---|---|---|---|---|---|
| Hototogisu | Inishiekourutori | Fujoki | Kutsutedori | Uzukidori | Imosedori |

鹃形目杜鹃科杜鹃属，拉丁文学名为 Cuculus poliocephalus，分布于中国、韩国、日本等地，身长约 27 厘米，身体为淡蓝灰色。自奈良时代起，这种鸟就被称为小杜鹃，据称日文名称“杜鹃”源于它们“啾、啾、啾啾啾”的叫声，并添加了表示“鸟”的后缀组成了它的日文名称。小杜鹃是日本典型的夏季鸟类之一，自古以来深受日本人喜爱，《万叶集》和《古今和歌集》等作品收录了众多描绘小杜鹃的诗歌。江户时代的随笔集《甲子夜话》中收录了三句著名的川柳[1]：“杜鹃不啼，则杀之 / 杜鹃不啼，则逗之啼 / 杜鹃不啼，则待之啼[2]”，并以此分别描述了三位日本战国武将的性格。

1 川柳，日本的一种诗歌形式。

2 这三句话分别出自对日本战国时代三位著名领导者——织田信长、丰臣秀吉和德川家康的比喻，当被问到“杜鹃不啼，如何使其啼”时，织田信长说：“杜鹃不啼，则杀之。”丰臣秀吉说:“杜鹃不啼，则逗之啼。”德川家康说:“杜鹃不啼，则待之啼”。三位历史人物的回答分别体现了他们的性格和治国理念。

赤翡翠

赤翡翠
Akashobin

赤翡翠
Akahisui

水恋鸟
Mizukoidori

雨乞鸟
Amagoidori

深山焦尾
Miyamashobin

佛法僧目翠鸟科翡翠属，拉丁文学名为 Halcyon coromanda，从东亚到东南亚都可以见到，身长约 27 厘米，全身为红棕色，亮红色的粗壮喙十分醒目。如前文所述，翠鸟的日文古名经历了一系列衍变。从江户时代后期开始被称为“赤翡翠”，意思是“红色的翠鸟”。另一方面，从平安时代起，这种鸟也被称为“水恋鸟”或“雨乞鸟”，据称这是因为阴天听到赤翡翠的鸣叫后通常会下雨。据说赤翡翠的古别称也源于它们“啾啰啰啰、啰啰”的叫声。

翡翠

山ショウビン
山セミ
く山ショウビン
山ソナ
水乞鳥

乙未九陽八日真写

小瑠璃（コルリ）

乙亥十月廿四日
網捕真寫

# 蓝歌鸲

小瑠璃
Koruri

瑠璃
Ruri

瑠璃鸟
Ruricho

地这瑠璃
Chihairuri

雀形目鹟科歌鸲属，拉丁文学名为Larvivora cyane，分布于从东亚到东南亚的狭长地区，在日本本州中部和北部的平原和山区森林中繁殖。蓝歌鸲身长约14厘米，雌雄异态：雄鸟美丽，上体从头到尾覆盖蓝色（琉璃色）羽毛，雌鸟上体为橄榄褐色。自室町时代以来，日本将小型蓝色鸟类统称为“瑠璃”或“瑠璃鸟”，例如蓝歌鸲、白腹蓝鹟和红肋蓝尾鸲。不过，江户时代中期这三种鸟类都有了不同的名称。此外，蓝歌鸲还有“地这瑠璃”的别称，这可能是因为它们经常躲在地上的灌木丛中。

筒鳥（ツヽトリ）

和名抄

ナワシロドリ 播州

スヽ田ドリ 豆州

ヨブコドリ 駿州

喚子鳥 古歌 万葉

元壽考曰和哥三朝之傳稲負鳥ハ藻汐草神代之巻ニ
鶺鴒一名稲負鳥ト云 古哥世の中ニ稲負ふ鳥の教へせハ人を恋路ニ
迷ハましや 又諾冊二尊ニ古事畧之 ○喚子鳥ハ蚊母鳥則郭公ナリ
呼子鳥ハ則筒鳥也其ハ外サマ々ノ説アリ

乙未八月六日
真寫

# 北方中杜鹃

筒鸟
Tsutsudori

布布土利
Fufutori

鵃鵅
Hohotori

布谷
Fukoku

鹃形目杜鹃科杜鹃属，拉丁文学名为 Cuculus optatus。这种鸟在东亚繁殖，4 月至 5 月到达日本，9 月左右离开，身长约 33 厘米，头到后颈为深灰蓝色，下胸为白色，侧面有黑色横斑。北方中杜鹃与大杜鹃相似，但体型略小，胸腹部的黑色横纹相对更宽。自平安时代起北方中杜鹃就得名“筒鸟”，原因在于其“布谷、布谷”的叫声类似轻拍竹筒的声音。这种鸟类的别称中也有以叫声为语源的，包括“布布土利”、“鵃鵅”和“嘭嘭多利”，据称这些别称都与叫声相关。杜鹃在中国称为“布谷鸟”，据说同样与它们的叫声相关。当“布谷”的叫声响起，意味着播种的时间到了。

八閩通志曰
郭公 蚊母鳥 カッコウドリ カシユドリ

多識編云
郭公鳥 カッコウ テウロトシ ミキウ 鳲鳩 ヨリ ゴイ 布穀
鴶鵴 擭穀 獲穀
鳺鴀 兼名苑

和名鈔云
布穀鳥 和名フヽドリ

啟蒙鳲鳩條ニ云一種佐州ニテカッコウ鳥ト呼者形小ニメ伯勞ニ似タリ背モ大抵似タレ圧末曲ラズ其尾微長ク頭ト脊月共ニ淡赤微黒色咽胸腹白色翅尾共ニ黒色脚ハ黄ハ赤其指赤前後各二ツニ分レテ啄木鳥ノ如ク其飛フ丁最疾ニ是八閩通志ニ曰郭公ハ頭尾黒ニメ身赤一名赤鳥ト云泰順縣志ニ曰郭公身赤頭尾黒ト云フ者是ナリ又鳲鳩ヲツヽトリト云説アリ非ナリツヽ鳥ハ古名ツヽトリ 和名鈔 一名ナワシロトリ 播州 ムギウラシ 土州 スミクトリ 豆州 蝋只 鳴時田水清故也 ヨブコトリ 古歌 大サ鴿ノ如脊青黒小白點アリ 鳴声竹筒ヲタヽクガ如シト云ル者尤ニ寫者是ナリ

○カッコウ鳥 蚊母鳥 其形虫喰ニ似テ赤色ヲアフ腹白シテ黒点ナシ其声大ニシテカッコウト鳴初夏ノ後声アリテ仲夏ニ止ム捕之丁至稀ナリ

大和本草ニ蚊母鳥ヲツヽトリ カンコトリト云可考

乙未八月六日
真写

大杜鹃

郭公
Kakko

郭公鸟
Kakkodori

容鸟
Kahotori

闲古鸟
Kankodori

呼子鸟
Yobukodori

鹃形目杜鹃科杜鹃属，拉丁文学名为 Cuculus canorus，广泛分布于欧亚大陆，身长约 35 厘米。大杜鹃的日文名称“郭公”源于其叫声，奇特的是很多国家和地区也都通过叫声来为这种鸟类命名，例如其英文名称“Cuckoo”、法语名称“Coucou”和德语名称“Kuckuck”。大杜鹃的日文古名是“容鸟”和“函鸟”，代表着“咔嚯”和“哈科”这样的叫声。从镰仓时代[1]开始，大杜鹃的两个别称——“郭公鸟”和“闲古鸟”就已经广为人知。用“闲古鸟的鸣叫”来形容店铺或街道冷清的样子，因为大杜鹃通常远离人群，被视为安静与平静的代表。

1 镰仓时代（1185—1333），是日本历史中以镰仓为全国政治中心的武家政权时代。

同雌

雄

# 慈悲心鳥

此鳥鳥屋ニテ二軒
所持セルヲ真寫

鳥賞安子ニ曰
寶心鳥

此鳥高野山ヨリ出ルト雖未現鳥セ
旅人寶心鳥ノ皮トテ持來ルヲ見
ルニ杜鵑ノ雌ノ赤斑ニテ余程大キク
勿論佁合モ似タリ其後外方ヨリ
寶心ト云ヲ見タルニ先年大坂表
ヨリ伊達鳥ト云テ持來ル鳥ナリ
此鳥惣身紺青ノ毛色此角赤
クシテ口ノ内真黄也足赤ク尾羽
黒シ至テ鳥ノ形不気用ナリ寶
心鳥ト云テ見タルハ右ノ鳥ナリ其
後九州ヘ渡リ見タルハ雨鳥ト云テ
見タリ又其後達广鳥トテ江戸ヘ
来ルアリ程ナク落タリ餌飼鱛
ニテ等ク餌ニ玉子ノ黄身寶スヲ入ルニ也
此鳥ヲ佛法僧ト云人アリ間違也云ニ
ヲ曰本條ニ記セル者ハ慈悲心鳥
ニテフズ佛法僧ナリ前條ヲ合セ
見ルベシ

慈悲心鳥

堀田摂州日光ヨリ慈悲心鳥ヲ贈ラルニ途中ニテ殞シタルヲ塩漬ニメ来ルヲ狩野伊川ニ圖取ラセシム則チ模摹

# 北棕腹鹰鹃

## 慈悲心鸟
Juichi

十一
Juichi

慈悲心鸟
Jihishincho

慈悲心
Jihishin

鹃形目杜鹃科鹰鹃属，拉丁文学名为 Hierococcyx hyperythrus，分布于东亚地区，在日本九州、四国、本州和北海道的山区繁殖，身长约 32 厘米，头顶到背部为灰黑色，喉部到腹部为淡红褐色，尾部有黑色横斑。与同科其他鸟类一样，北棕腹鹰鹃也有巢寄生[1]的习性，在山地森林栖息，经常在夜间鸣叫。日文名称“慈悲心鸟”源自其“啾－唧、啾－唧”的叫声。此外，由于雄鸟的叫声听起来像是尖叫“慈悲心、慈悲心”，所以据称江户时代中期以来北棕腹鹰鹃就得到了“慈悲心鸟”和“慈悲心”的别称。英文名称“Rufous Hawk-Cuckoo”（红褐鹰鹃）则源于它们类似鹰的飞行动作。

1　巢寄生，指某些鸟类将卵产在其他鸟的巢中，由其他鸟（义亲）代为孵化和育雏的一种特殊的繁殖行为。

# 佛法僧鳥

往昔高野江登山ノ時猟人ノ鬼
網ニ而佛法僧鳥ヲ捕ルヲ亦得
見之幸寫置天明二壬寅五月
十八日伊豫国板嶋郡岩松ノ御
山戝村猟師徳之進ト云者四
月下旬見掛鬼切網ヲ仕掛一番
捕之翌廿九日献上之宇和嶋城
翌癸卯年御代門ニ而雄一羽
捕之○佛法僧ニ脊紺色ナル者
有ト云未現鳥セス又胸ニ黒ミ多ク
腹ニ荒斑アリ目黄色ノ輪有
目黒色ト云者不見元寿 武州高
尾山ハ嘉永元申年九月八日登山ス
別当薬王院ノ僧ノ云ルニ此山佛法僧
鳥亜鳥在テ外ニ餘鳥ヲ十五ト語リキ
○

○僧ノ云ル如クニメ餘鳥更ニ見ハ又雀
爲ノ類下山一里余町ニメ駒木野宿
ニテ又漸ク見ルヲ終夜宿ス乙佛法
僧ノ声ハ不聞佛法僧高尾山亜鳥
ノ事武藏演路ニモ詳ナリ高尾山ハ
武州多摩郡江戸ヨリ十五里

# 三宝鸟

佛法僧
Bupposo

三宝鸟
Sambocho

姿佛法僧
Sugatanobupposo

念佛鸟
Nembutsudori

佛法僧目佛法僧科三宝鸟属，拉丁文学名为 Eurystomus Orientalis，从亚洲到大洋洲的温带和热带地区都有分布，身长约 30 厘米。自镰仓时代以来，三宝鸟就被称为“佛法僧”，因为日本人相信这种鸟的鸣叫类似日文中“佛法僧”的发音。昭和初期[1]，人们发现这种叫声其实来自红角鸮，而三宝鸟的叫声是粗哑的“咳、咳”声，但现在人们仍然沿用三宝鸟的名称。三宝鸟在西方国家并没有特殊象征，但在日本，据称它们经常栖息在日本高野山[2]，并且经常出现在庙宇周围，因此被佛教徒视为圣鸟——三宝[3]鸟。

1 昭和初期指 20 世纪 30 年代。

2 高野山在 2004 年被联合国教科文组织登记为世界遗产，有 1200 年的历史。是日本东密佛法的圣地。

3 佛教中的佛、法、僧，合称为“三宝”。

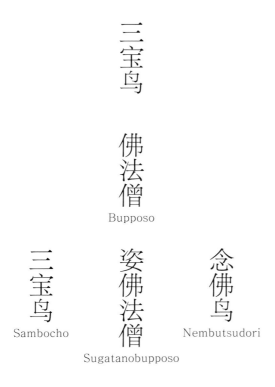

# 紫寿带鸟

三光鸟
Sankocho

紫练
Shiren

乌凤
Uho

雀形目王鹟科寿带鸟属，拉丁文学名为 Terpsiphone atrocaudata，属名 Terpsiphone 是希腊词语“Terps”（欢乐）和“Phone”（声音）的组合，表示动听的鸣叫。紫寿带鸟从南亚到印度尼西亚、菲律宾和日本都有分布，雄鸟长约 45 厘米，雌鸟长约 18 厘米，因为雄鸟具有约为身体长度 2 倍的长尾巴。紫寿带鸟眼周裸露的皮肤和喙均为十分醒目的蓝色，是日本静冈县的县鸟。据称，紫寿带鸟的日文名称“三光鸟”的语源是因为它们的叫声类似日文中日、月、星的发音。而且，紫寿带鸟的行为和外形也深受喜爱：它们拖着长尾的优雅姿态被比作仙人的舞步，还因为其尾巴的长度被中国人推崇为长寿的象征，是一种象征着吉祥的鸟。

紫練 サンコウテウ 一名 拖紅練

本草綱目 鵜鳩 三光鳥 日月星ト鳴故三光鳥ト云

山髙 貪福鳥

丙申初夏十一日真寫

## 红角鸮

## 木叶木兔

Konohazuku

## 孤猿

Koen

鸮形目鸱鸮科角鸮属，拉丁文学名为 Otus sunia，分布于欧亚大陆中南部。红角鸮在日本的繁殖地位于九州以北地区，但种群规模不算大。红角鸮身长约 20 厘米，总体为棕色或红褐色，有白色或棕色小斑点，是日本爱知县的县鸟。从江户时代初期开始，红角鸮就被称为“木叶木兔”，意思是“颜色和花纹看起来都类似枯叶的角鸮”。那些耳羽（头部如同耳朵的羽毛簇）发达的角鸮，例如红角鸮、短耳鸮和长耳鸮，它们的日文名称组成部分中通常包含意为“形似耳朵的突出羽簇”的词语。并且，镰仓时代“角鸮”已成为有耳羽的猫头鹰的总称。

鵋鵙 ミヽヅク 又ヅク

爾雅注云 木兔 和名都久或云美々都久

日本記ニ木兎ト書ケリ 耳アル故ニヅクト云

保十一子年十二月廿二日
鵋鵙引之跡鳥見之
真寫

本草綱目時珍云鵋鵙ハ頭目如猫有耳毛角兩耳ニ晝ハ伏シ夜出又曰鵋鵙其ノ聲如老人ノ
初ハ若呼ガ後ニハ若笑ガ白日不見人ヲ夜能拾蚤虱ヲ

按ニ啼声若老人ノ初ハ人ヲ若呼後啼声如笑トハ鴞ナリ有毛角兩耳
鵋鵙ナリ 鴞ハ形大ナリ 木兎ハ小ナリ 秋冬ニ小鳥ヲ捕ルニヲトリトメ用ユ是ヲ
ヅク引ト云又コノハヅクハ木兎ヨリ小ナリ 是モ耳アリ 爾雅云木兎鵋ニ似テ毛角アリ今按ニ毛冠
毛角和名皆冠ト同シ但獨立是ヲ毛冠ト云双立是ヲ毛角ト云毛冠ハ鷺。雉。連雀。巴旦鳥。金鶏
鴇ナトノ類ハ皆毛冠ナリ毛冠アル鳥猶多シ

白额燕鸥

小鲹刺
Koajisashi

鲹刺
Ajisashi

鲇刺
Ayusashi

鲇鹰
Aitaka

建华鸭
Kenkao

鸻形目鸥科燕鸥属，拉丁文学名为 Sternula albifrons，在欧亚大陆的中纬度地区繁殖，在加勒比海沿岸和夏威夷群岛也有分布，是日本本州南部地区的夏季鸟类。这种鸟类身长约 28 厘米，头顶到后颈部为黑色，背部和翅膀呈蓝灰色，胸腹部为白色，双翼和尾羽的末端形状较尖锐。自江户时代以来，白额燕鸥就被称为“小鲹刺”。“鲹”可能来源于其从空中俯冲而下，用喙部刺入水面捕鱼的习性，但实际上它们是用喙夹取而非刺穿猎物。并且，虽然别称“鲹刺”，表示“捕鲹科竹荚鱼的鸟”，但“竹荚鱼”其实代指所有鱼类。

小アジサイ

蘆五位（ヨシゴイ）

ホンノウサキ
サンクワゴイ　御鷹部屋

其形狀大サ如圖好水邊小藪
芦ノ中ニ住ム及晩暮ナリ其声人
ノ門一音ヅル如ク亦人ヲ呼声ニ似
リ

丙申四月廿八日千駄木某
逸見氏於王子邊捕之
送真寫

# 黄苇鳽

苇五位

Yoshigoi

霞五位

Yoshigoi

姫五位

Himegoi

苇五位

Ashigoi

烦恼鹭

Bonnosagi

大苇五位

Oashigoi

鹈形目鹭科苇鳽属，拉丁文学名为 Ixobrychus sinensis，分布于印度、东南亚、中国东部、韩国和日本群岛，身长约 36 厘米，属于小型苍鹭。日文名称“苇五位”的意思是“芦苇丛中的夜鹭”，因为它们生活在芦苇丛和沼泽中，而且白天几乎听不到黄苇鳽的叫声。黄苇鳽还有一个方言别称“鬼鸟”，因为它们会在繁殖季的夜间发出“哦咦、哦咦”的鸣叫声，听起来像是在叫人，因此得名。日本还流传着一个与此相关的传说：一名被多个男人欺骗后自杀的女人变成了黄苇鳽，所以她会在晚上把男人拖入沼泽。“姬女”是黄苇鳽在江户时代的一个别称，用来形容它小巧而美丽的体态。

# 栗头鳽

## 沟五位
Mizogoi

戳罕
Kukan

护田鸟
Ozumedori

樋口守
Hinokuchimamori

水口护
Minakuchimamori

鹈形目鹭科夜鳽属，拉丁文学名为 Gorsachius goisagi。栗头鳽的种名为 goisagi，但这是个错误的种名，据称是 19 世纪德国博物学家西博尔德误将这种鸟认成是夜鹭的结果。这是一种分布范围非常狭窄的鸟类，仅在日本繁殖，身长约 49 厘米。自江户时代初期以来，栗头鳽就被称为"沟五位"，意思是"沟渠中的苍鹭"。"沟"通常表示位于水田附近的河流，在日语中"五位"是"夜鹭"的缩写。之所以得名夜鹭[1]，是因为栗头鳽的体型与夜鹭接近。在平安时代，由于它们敏锐的视觉，栗头鳽也被称为"巫女鸟"。

1 英文名直译为"日本夜鹭"（Japanse Night Heron）。

戳罕（サクカン）

一名水胡蘆

亦山ヘボ

五位鷺
星五位ト云
丙申四月十六日真寫

五位鷺
脊黒五位ト云
ナベショイ
老鳥ハ尤大ニシテ頭ヨリ
脊甚黒シ故ニ鍋ショイト云
五位ト称スル事平家物語ニ見エタリ 本朝食鑑ニモ
記リ食鑑ニ五位鷺ヲ鵁鶄トス則俗ニ云青鷺也
或書又和名抄ニ鵁鶄辨色立成云鵁鶄住海邊
其鳴ヲ極テ喧者也
丙申四月十六日真寫

夜鹭

五位鹭
Goisagi

五位
Goi

背黑五位
Segurogoi

鵁鶄
Kosei

鹈形目鹭科夜鹭属，拉丁文学名为 Nycticorax nycticorax，广泛分布于非洲、美洲、东南亚以及日本群岛。夜鹭身长约 57 厘米，眼睛周围和胸部为白色，头顶和背部为蓝绿色，翅膀为灰色。幼鸟通常全身为棕色，有细小的星状白色斑点，因此它们通常被称为“星鹭”，中文意思为“五位鹭”。“五位”是日本官方的一个职位名，“五位鹭”的名称源于《平家物语》记载的一个故事：根据传说，日本醍醐天皇[1]某天来到神泉苑，下令去抓池塘里的夜鹭，夜鹭顺从旨意拜服在地，因此被授予“神奇五位”的职位。在江户时代，夜鹭也被称为“背黑五位”。

1 醍醐天皇（885—930），是日本第 60 位天皇。

# 鷊鸆　カザキリ　アマツバメ

鳥賞安子ニ云
薩州ノ藩島役比野勘六
三箇之津及諸国不到所
ナシ肥前長崎出嶋ノ番鋪
迄モ至ルニ豆鳥ト云者ヲ
現鳥スルハ肥前国求广ノ
山中ニ石山有リ中ニ洞アリ此
内ノ天井ヨリ牛ノ角ノ如ク
ナル石。氷柱ノ如ク垂レ下ルニ
泊リ居ル形燕ニ似タリ両足
ノ指爪尖キワマテ小サク毛生
ゼリ大小有リ右ノ洞ニ居ルハ
小形也薩州山川ト云処海
中ヨリ生タル石山有リ此処ニ
居ルハ大形ナリ何レモ蝙蝠
ノ如クサカサマニ泊ル鳥也
是天燕ト云フ

○酉陽雑俎第十六巻曰鷊鸆状如燕
稍大足短趾似鼠未嘗見下地常
止林中偶失勢控地不能自振及
舉止凌青霄出涼州
今案ルニ本邦ニ風鳥ト言鳥アリ又風切ト
云燕ノ類ナリアマツハタモ言稀ニ有之
若州遠敷郡外面ト云処海邉洞ノア
タリニ多シ燕ニ似テ大サモ亦同シ足ナシ
ト云是短足ニメ高ク飛テ地ニ下ルコト
稀ナリ是鷊鸆ナルヘシト云説アリ非ナリ
風鳥ト称スル者一種アリ雉子ニ似テ小ニメ
美鳥ナリ長尾ニメヨク風ニ向ツテ飛フ
疾シ全帖中ニ真写ス

○本草綱目鶺鴒附録有鷊鸆水鳥ノ属也
與酉陽雑俎ニ所載不同三才図會亦引段
成式ノ説ヲ曰與此水鳥者異リ三才図會作鷊
鸆コレ同名異物ナリ

乙未九陽　十九日
真写

白腰雨燕

雨燕
Amatsubame

雨鸟
Amatori

雨黑燕
Amakurotsubame

唐燕
Totsubame

鹔鹴
Shukuso

胡燕
Koen

夜鹰目雨燕科雨燕属，拉丁文学名为 Apus pacificus，分布广泛，特别是亚洲和大洋洲的温带和热带地区。尽管名称中有“燕”字，但白腰雨燕与家燕属于不同的生物分类。白腰雨燕身长约 20 厘米，背部为深褐色，喉部和臀部为白色，有形似镰刀的修长翅膀。之所以得名“雨燕”，是因为人们经常看到它们在下雨前飞翔。白腰雨燕也有许多古代别称，例如在奈良时代，它们被称为“雨”，在平安时代被称为“雨鸟”和“雨燕”。除此之外，它们还有许多异名，比如，由于有栖息在山中的燕子之意，也被称为“山燕”和“深山燕”；因栖息在岩壁上而被称为“边缘燕”；因在岩壁的空洞中筑巢，而被称为“地窨燕”等。

雄
雷鳥
越中白山産

同雌

雷鳥 冬

雄

# 雷鳥

春秋ハ如此毛色班ニ成ル或曰
埘ニテマクフニ成ル云ル

日本紀後一條院萬壽四年丁卯五月癸未雷電風雨京中洪水
流レ入テ舎屋顛倒ス豊楽院ノ第二堂雷火欲焼即以撲テ雷形似白
雛ニ云ミ　是丑雛狙ニ云雷公也　輶軒小録越ノ山ニ鵯ニ充ル云ミ
東涯先生云越ノ白山ニ雷ノ鳥ト云者アリ昔ヨリ語リ傳フ朱尉玄衣
足青ク腰白翅ノ先白色ヲ帯ス雌ナルハ雌雄ノ如シ甚其ハ子ヲ愛ス白山ハ
北国テノ寵テ高山ナル故四時雪アリ山ノ頂ヨリ下モ廿町斗下ニ五葉阪ト云坂
アリ方拡環回コト数十回此鳥此間ニ棲宿テ曾テ他所ヘ行ス見ル者
アレハ奇瑞トス
吉沢好謙カ信濃地名考ニ曰蓼科山ニ栖ム鳥ハ世ニ圖スル鵯ノ鳥
也少ノ異アリ戴冠立ス尾短ク雌ノ形暹羅鶏ニ似テ高サ二尺斗リ
黒色ニ白斑アリ烏鶏ニ似テ丹頂ノ肉アリ雌ハ黄雌雞ニ似テ胸黒ク
白キ斑アリ嵓穴ニ栖ミ松ノ翠ヲ啄トミエリ云ミ

雷鳥
雄

岩雷鸟

雷鸟
Raicho

| 雷鸟 | 岳鸟 | 雷鸡 | 岩鸟 | 灵鸟 |
| --- | --- | --- | --- | --- |
| Rainotori | Dakedori | Raikei | Iwatori | Reicho |

鸡形目雉科雷鸟属，拉丁文学名为Lagopus muta，分布于北半球的寒冷地区，包括欧洲的阿尔卑斯山、亚洲的堪察加半岛和贝加尔湖地区，还有日本，是日本的国家级特别保护动物。岩雷鸟身长约37厘米，能够忍耐寒冷的气候，连脚趾尖都覆盖着羽毛，而且夏季和冬季的羽毛颜色差异巨大。在平安时代，岩雷鸟被称为“雷鸟”，江户时代被称为“灵鸟”或“岳鸟”。“灵”在这里指“精神、灵魂”，因此灵鸟也表示圣鸟。江户时代的文献《饲笼鸟》记载了岩雷鸟可以吞吃雷兽的传说。根据《夫木和歌抄》记载，后鸟羽天皇[1]皇宫的房顶上贴了一张纸，纸上写了一首关于岩雷鸟的诗歌，因为人们普遍相信这可以帮助避雷。

1 后鸟羽天皇（1180—1239），日本第82位天皇。

# 角嘴海雀

善知鸟
Uto

善知鸟
Zenchicho

安方
Yasukata

鸻形目海雀科角嘴海雀属，拉丁文学名为 Cerorhinca monocerata，分布于北太平洋沿岸，从日本到美国加利福尼亚州沿海地区均有分布，身长约 38 厘米。角嘴海雀的日文名称为“善知鸟”，在日本的青森县和秋田县等地，因为角嘴海雀在洞穴中抚育后代而被称为“洞鸟”，这在一定程度上名副其实。从镰仓时代开始角嘴海雀也被称为“安方”。这源于以下传说故事：当亲鸟[1]返巢时会发出“uto”的声音，雏鸟则回应“yasukata”，然后爬出洞穴。于是，猎人开始模仿亲鸟的叫声来捕捉雏鸟。痛失雏鸟的亲鸟万分悲伤，流下了血泪。据说，后来猎人遭受了亲鸟的报复（精神折磨）。这也成为了能剧[2]中《善知鸟》这一剧目名称的由来。因此，角嘴海雀也经常用来隐喻因果报应。

1 亲鸟，鸟类在孵化和育雏期间，相对于幼鸟，其双亲被称为“亲鸟”。

2 能剧是日本的一种结合了舞蹈、戏剧、音乐和诗歌的传统表演艺术。

善知鳥
蝦夷産
ウトウドリ
善知鳥ハ国俗ノ所称
漢名不詳
丁酉孟春廿九日
寫

# 短尾信天翁

信天翁
Ahodori

| 阿保鸟 | 马鹿鸟 | 藤九郎 | 冲大夫 |
| --- | --- | --- | --- |
| Ahodori | Bakadori | Tokuro | Okinotayu |

鹱形目信天翁科信天翁属，拉丁文学名为Phoebastria albatrus，在整个北太平洋都有分布，在中国钓鱼岛、日本伊豆群岛的鸟岛和美国中途岛环礁繁殖。短尾信天翁身长约100厘米，双翼和尾部为黑色，其他部分为白色，幼鸟为深褐色。据称这种鸟在无人居住的岛屿繁殖且不惧怕人类，看起来呆蠢，很容易捕获，因此在江户时代初期，它们被称为“阿保鸟”，后来被称为“马鹿鸟”和“藤九郎”[1]。“信天翁”也表示“相信上天及相信‘天上掉馅饼’”的意思。不过，据说信天翁落在船上可以帮助避免沉船事故，因此它们还有一个可爱的昵称“冲大夫”。

1 “阿保鸟”“马鹿鸟”“藤九郎”这几个名字在日语中都是笨鸟的意思。

陶九成輟耕録ニ瀛漠二州之境
塘濼之上有禽二種其一種
類鵝色正蒼而喙長凝立
水際不動魚過其下則取
之終日無魚亦不易地名曰
信天縁其一類鶩奔走水
間甫草泥沙唼々然盡索
乃止無一息少休名曰漫畫
信天縁若無能者乃与漫畫均
度一日無饑色而反加壮大二
禽禀性不同如此

信天録此鳥羽ノ披ル府アリ飛ブコトアタハズ
アタハズ往ニ人ノ為ニ得ラル又食ヲ
求ルコトアタハス故ニウエテ死ス其翅
三段ニ折レル異鳥也

本草綱目鵜鶘集解出
信天翁 ライ アホウドリ バカツトリ 筑紫
信天縁

翅 三尺五寸二分
首 六寸三分
喙 四寸四分
喙ヨリ尾迠弐尺八寸
凬切ヨリ凬キリ迠七尺六寸壱分
身 壱尺二寸四分
巾 五寸七分

天保三年壬辰五月六日於
小石川馬場同所之住兆村
弥門僕捕之真寫

秋季鸟类

尔雅出

啄木鳥（タクボクテウ）

テラツヽキ　キツヽキ　斲木（リウ）尔雅　鴷 同上

木タヽキ　赤ゲラ

觜如錐（キリ）ノ長數寸常斲木（ノホリ）ニ食蟲ヲ啄木ニ青色頭赤キ者ヲ青ゲラ
ト云又鬼ゲラアリ形状少シ大キシ又小ゲラアリ

## 大斑啄木鸟

赤啄木鸟
Akagera

啄木鸟
Keratsutsuki

寺啄
Teratsutsuki

䴕形目啄木鸟科啄木鸟属，拉丁文学名为 Dendrocopos major，广泛分布于欧亚大陆，身长约 24 厘米，拥有红色、白色和黑色羽毛形成的美丽外观。因为雄鸟头后部的羽毛为亮红色，自江户时代中期开始就被称为“赤啄木鸟”。关于这种鸟类名称的来源有很多说法，例如啄木鸟用喙敲击树干的声音，或者啄木鸟用喙在树干啄洞和捕食虫子的行为。还有一种理论认为，“寺啄”这一名称还与一个传说有关，传说中日本圣德太子[1]建造四天王寺时，物部守屋[2]的灵魂化成了啄木鸟，开始啄寺院的柱子，并造成了一定的破坏。

1　圣德太子，日本飞鸟时代（592—710）的政治家。他曾派遣隋使，引进中国的先进文化、制度，并在其执政期间大力弘扬佛教。

2　物部守屋，日本古坟时代（250—592）的豪族。佛教传入日本时，废佛派的物部守屋持强硬的排斥态度。

# 杂色山雀

## 山雀
Yamagara

## 山雀女
Yamagarame

## 山陵鸟
Sanryocho

雀形目山雀科山雀属，拉丁文学名为 Sittiparus varius，常见于日本、朝鲜半岛和中国台湾地区，身长约 14 厘米。前额和脸颊为淡黄色，头顶和喉部为黑色，上体背部和胸腹部为鲜艳的栗色。日文名称“山雀”表示各种喜欢生活在山中的小鸟。自平安时代起，杂色山雀就被称为“山雀”和“山雀女”。《夫木和歌抄》收录了一首和歌，其中一句：“此身在笼中 / 犹羡山中隐蔽的夕颜”，讲述了这种山雀储藏坚果的习性。在江户时代，人们利用杂色山雀的习性编排了各类表演节目，其中最著名的当属“山雀抽签”——直到昭和三十年代，这个节目还经常参加博览会等大型活动的表演。

山雀 ヤマガラ 鳦

丙申六月廿九日捕之
籠中真寫

椋鳥（ムクドリ）ス 山胡（ムクドリ）

甲午十月廿二日
真寫

# 灰椋鸟

椋鸟
Mukudori

群来鸟
Murekidori

椋
Muku

雀形目椋鸟科椋鸟属，拉丁文学名为 Spodiopsar cineraceus，分布于中国、朝鲜半岛和日本等东亚地区，身长约 24 厘米，从头顶到背部，以及翅膀和尾巴均为灰褐色，喙和腿为橙黄色。据说灰椋鸟的日文名称“椋鸟”源于它们特别喜欢吃椋树果实的习性。其实，关于日文名称起源的其他说法还有很多，例如“群来鸟”意为“成群采摘椋果的鸟”，这些别称描述了灰椋鸟成群活动的习性。据说在江户时代，灰椋鸟还曾经用来代指乡下人，轻言细语的江户本地人用方言嘲笑那些外来人为椋鸟。小林一茶[1]也曾写过：“他们叫我这乡下人‘椋鸟’——冷啊”。

1 小林一茶（1763—1827），日本江户时期著名的俳句诗人。

# 山斑鸠

稚鸠
Kijibato

山鸠
Yamabato

土块鸠
Tsuchikurebato

壤鸠
Tsuchikurebato

鸽形目鸠鸽科斑鸠属，拉丁文学名为 Streptopelia orientalis，分布于印度和东南亚地区，身长约 33 厘米。山斑鸠的日文名称“雉鸠”起源于江户初期，意思是“野鸡模样的鸽子”，但实际只有雌鸟与野鸡相似。在平安时代，它们被称为“山鸠”，室町时代被称为“土块鸠”。即使现在，很多日本人仍然称呼它们为“山鸠”。不过，古名“山鸠”很可能也指白腹绿鸠。

# 鳩

ハト　真バト　キジバト

鳩本邦ニ四種アリ　鴿。斑鳩。青鶴　真鳩也
鴿ハ社堂及見附ニ群集ス俗ニ色バトト云
斑鳩ハ其毛灰土色土鳩トモ云色ハトニ交リ
住ム青鶴ハアヲバト其品一種色青緑青
美ニシテ可愛周禮ニ仲春羅氏獻鳩ヲ
以養國老ヲト云リ鳩ノ性食ニムセズ
故ニ杖ノ頭ニ鳩ノ形ヲ作リ老人ニ
ツカシム鳩ノ杖ト云フ老人ハ
食ニムセ安シ故ニ鳩ハ食ニ
ムセヌ故ニ獻禳ニツカ
シム

鳩ニ數種アリ綾鳩ハ琉球国八重嶌ノ産
本朝ニテ錦鳩ト云　長生鳩　南京鳩
銀鳩　白子鳩　本国鳩　尺八鳩
孔雀鳩　紅ガラ鳩　牛鳩　暹羅鳩
蠟嘴　嘴ツマリ　其外又多シ

丙申八月廿二日後
園網捕寫

喉紅鳥　ノコトリノ

紅点頷　ムゴトリ

又野駒ト云
則ノコトリノ畧也
別ニノコマト云者
アリ百鳥圖ニ
紅靛頷ニ作ルハ
誤ナリ

## 红喉歌鸲

### 野驹
Nogoma

### 喉红鸟
Nogotori

### 野子
Nogo

雀形目鹟科歌鸲属，拉丁文学名Calliope calliope，身长约15厘米，在亚洲北部（包括日本北海道）繁殖，冬季迁徙到东南亚越冬，迁徙时可以在日本本州见到。雄鸟具有标志性的红色喉部，叫声动听，富有韵律，该物种的种名“calliope”在古希腊语中表示“优美的声音”。从日本安土桃山时代开始，它就被称为“野子”和“喉红鸟”。“喉红鸟”这个名字，显然源于雄鸟红色的喉部。

# 日本鹌鹑

鹑
Uzura

宇都良
Uzura

鹑鸟
Uzuratori

鹑
Itora

小花鸟
Kohanadori

鸡形目雉科鹑属，拉丁文学名为 Coturnix japonica，分布于中国、日本、蒙古和朝鲜半岛等地区，是日本境内目前已知的最小雉科物种，身长约 20 厘米，尾巴很短，身体覆盖红褐色羽毛，带有白褐色和深褐色斑点。从奈良时代起，日本鹌鹑就被称为“鹑”，但关于名称由来的说法很多，例如源于“看起来像是蹲着的鸟”，或者源于它们的叫声。还有理论认为是由日语中“草”和“群”两个字组合而来，表示在草丛中成群结队的鸟。在日本，自古以来就将其作为狩猎的猎物。江户时代还会人工繁育日本鹌鹑用以参加鸣叫比赛。在西欧，据说人们还会根据鹌鹑（日本鹌鹑的近亲）的叫声频次来判断运势，决定结婚的时间和谷物的价格等。

鶉

ウヅラ 七月ニ至テ早秋ト云
八月至後ニ白唐ト云

○鴽 ○羅鶉 皆子ノ名也

本ト異邦ヨリ渡ル又リウキウ鶉アリ少異ナリ

千駄木逸見氏送テ
癸巳年十月廿二日
真写

鶉

此鳥啼出シニ。クワ頭。チヨ頭。コキ頭ノ
三品アリ鳥ノ形状ニ。海老脊。蟹脊。
山形脊ノ三品アリ。紫觜ニ。豆觜。椎觜。
脂觜ノ三品アリ首ニ。鶴首。鴫首。猪
首ノ三品アリ尾ニ。サシ尾。半サシ尾。海老
尾ノ三品アリ斑合ニ。白斑。赤斑。ホケ斑
ノ三品アリ甲州駿州奥州南部淡州ヨ
リ東武江出ス鶉ヲ好メル人啼方ニ吟味
アリ 鳥賞安子ニ詳ナリ。淮南子ニ
云蝦蟇化シテ為ルト鶉ニ云々

千鳥

アイノコヒキト云

乙未八月七日真寫

鶖

チドリ

其一

林鹬

鹰斑鹬

Takabushigi

脚高鹬

Ashitakashigi

前页右图描绘的是林鹬。鸻形目丘鹬科鹬属，拉丁文学名为 Tringa glareola，在欧亚大陆北部繁殖，冬季则向南方（非洲、印度、东南亚、新几内亚、澳大利亚等）迁徙，经常在春季和秋季经过日本。林鹬身长约20厘米，背部为深褐色，带有白色小斑纹。日文名称“鹰斑鹬”源于它们背部类似鹰的斑纹。以往，鸻科与小型鹬科物种的名称没有区别，通常统称为“千鸟”。前页左图描绘的是矶鹬。鸻形目丘鹬科鹬属，拉丁文学名为 Actitis hypoleucos，身长约20厘米。在江户时代，它们被称为“河鹬”。

鷸
ムナグロシギ
鷸
イトヨシギ
乙未八月六日真寫

鷸

ハシナガシギ

乙未初登九月眞写

小鴫（コシキ）

カ子タヽキ

翻石鹬

京女鹬
Kyojoshigi

京女鹬
Kyojoshigi

京条鹬
Kyojoshigi

第 104 页的图片描绘的是翻石鹬，鸻形目丘鹬科翻石鹬属，拉丁文学名为 Arenaria interpres，在欧亚大陆和美洲大陆北部繁殖，春季和秋季会迁徙到日本，少数会留在日本越冬。翻石鹬身长约 22 厘米，面部有类似脸谱的图案，背部有红褐色、黑色和白色斑纹，腹部为白色，腿为红色。自江户时代初期以来，翻石鹬就被称为“京女鹬”，日文名称可能源于它们的羽毛颜色及媲美京都女士的优雅姿态，但也有观点认为是源于它们“啾、啾”的叫声。英文名称“Turnstone”则源于它们翻动砾石寻找和捕食贝类与小虾的习惯。

## 红颈滨鹬

## 当年

Tonen

## 当年子

Tonego

第 105 页左图描绘的是红颈滨鹬，与右图描绘的矶鹬为同科的鸟类。红颈滨鹬为鸻形目丘鹬科滨鹬属，拉丁文学名为 Calidris ruficollis，在西伯利亚地区繁殖，春季和秋季会迁徙到日本。红颈滨鹬身长约为 15 厘米，夏季背部、面部和胸部覆盖红褐色体羽，翅膀有黑斑，腹部为白色；冬季则会更换灰褐色的背羽，腿为黑色。自江户时代以来，红颈滨鹬就得名“当年子”和“当年子鹬”，据称“当年子”源于它们属于小型鹬科物种，因此以“出生的那一年”或“小东西”的意思来命名。右侧是一只同科物种——扇尾沙锥：鸻形目丘鹬科沙锥属，拉丁文学名为 Gallinago gallinago，身长约 26 厘米。

鷸(シギ) 漢名

鴫(シギ) 本邦通字

キアシシカハラ

玉篇云

鸗ハ楊氏抄ニ之木(シキ)

一曰田鳥

乙未十月初望八日

真寫

灰尾漂鹬

黄脚鹬

Kiashishigi

薄墨鹬

Usuzumishigi

鸻形目丘鹬科漂鹬属，拉丁文学名为 Heteroscelus brevipes，在西伯利亚东部和堪察加半岛繁殖，冬天则迁徙到东南亚、新几内亚、澳大利亚等地区越冬，通常于春季和秋季迁徙到日本。灰尾漂鹬身长约 25 厘米，从头顶到后背为褐色，有深灰色条纹，从面部到胸部为白色，有灰色的纵斑，腿为黄色。日文名称“黄脚鹬”的来源应该与常见的红脚鹬和青脚鹬类似，是根据脚的颜色来命名的。从江户时代初期就以这个名字为人所知。此外，由于其羽毛颜色接近鼠皮的灰色（淡墨色），灰尾漂鹬也有其他的别称，例如“薄墨鹬”和“薄墨千鸟”。

紅鶴 トキ ツキ トウノトリ 又 朱鷺

鴇 トキ 順和名抄

又 桃花鳥 日本紀私記

俗ニ 鴾ノ字ヲ用ユ

丁酉如月三日雨中ニテカ

後園来摸寫

朱鹮

朱鹭
Toki

鴾
Tsuki

桃花鸟
Tsuki Tsuku

鴇
To

鹈形目鹮科朱鹮属，拉丁文学名为 Nipponia nippon。截至 19 世纪上半叶，朱鹮仍是东亚地区的常见鸟类，但由于过度捕猎和开发土地等活动，该物种的生存空间不断收缩，这种鸟类的数量急剧减少，目前仅在中国有少量留存。2003 年，朱鹮在日本灭绝，现在日本正积极实施中国个体的引入和人工繁育。此外，朱鹮是日本新潟县的县鸟、日本国家级特别保护动物。朱鹮身长约 80 厘米，全身覆盖白色羽毛并缀有粉红色，十分独特，翅下和尾羽是美丽的朱红色。据说，日文名称“toki”（朱鹭）源于奈良时代的古名“tsuki”和“tsuku”。据称从室町时代开始，朱鹮被称为“朱鹭”。

毛詩
晨風サシバ鸇

鷹鶻方曰
小鵶鶻
サシバ

陸疏似鷂青黄色燕頷句喙嚮風搖翅乃因風急疾擊鳩鴿燕雀食之

乙未八月十四日
眞寫

# 灰脸鵟鹰

差羽
Sashiba

刺羽
Sashiba

鸇
Sashiba

青刺羽
Aosashiba

鹰形目鹫鹰科鹰属，拉丁文学名为 Butastur indicus，分布于东亚到东南亚地区，作为夏季候鸟在日本出现，然后于10月左右迁徙到南方越冬。雄鸟身长约47厘米，雌鸟身长约51厘米，背部和翅膀为棕色，胸部有棕色的横斑，可以发出“皮奎”的鸣叫声。自镰仓时代以来，灰脸鵟鹰就被称为“差羽”，意思是“笔直地飞向猎物”，用现代日语表达则是“指向”。“羽”表示羽毛和翅膀，因此可以代指鸟。另外，还有一种理论认为灰脸鵟鹰的日文名称源于礼仪用的团扇，据称奈良时期这种团扇是用灰脸鵟鹰的尾羽来制作的。以往，日本宫古岛有捕捉灰脸鵟鹰为食的习俗。

松鸦

悬巢

Kakesu

掛鸟 Kakesu　樫鸟 Kakesu Kashidori　橿鸟 Kakesu　宿贷鸟 Yadokashidori

雀形目鸦科松鸦属，拉丁文学名为 Garrulus glandarius，分布于欧洲和亚洲地区，身长约 33 厘米。尽管属于鸦科，但松鸦的羽毛艳丽，整体为粉褐色，体表有黑白羽毛，蓝、白、黑三色横斑的翅膀尤其醒目。据称平安时代松鸦被称为“樫鸟”，因为它们以橡树果实为食，并且自江户时代以来也被称为“掛鸟”“橿鸟”。自大正时代[1]以来，欧亚松鸦的标准日文名称统一为“悬巢”。松鸦的叫声沙哑，类似“杰”，擅长模仿其他鸟类的鸣叫。在西方国家，人们认为松鸦象征着无法保守秘密或不可靠的人或物。日本奄美群岛特有的松鸦近亲物种已被指定为保护动物。

1　大正时代（1912—1926），日本大正天皇在位的时期。

鳥賞ハ安子載
掛鳥
カケス　一名クワミ鳥
別ニ嶋カケス有リ日光山ヨリ
出ル享和元酉年江戸ニテ
多ク取ル
年十月廿三日
白旗子

伯勞(ハクロウ) 毛傳 伯趙 左傳 伯鷯(ハクリウ) 夏小正註
博勞 詩疏 鵙(ケキ) 詩豳
鴂(ケツ) 孟子音決

兼名苑云
鵙(モズ) 一名鶪 楊氏漢語抄云白勞ハ毛受ニ云鵙 伯勞也
日本紀私記ニ云百舌鳥

壬辰閏十月廿日
真寫

時珍鵙ヲ悪鳥トシ悪聲ノ鳥トシ秋ノ
陰氣ニ感ジテ動ク残害ノ鳥也
ト云ヘ

# 牛头伯劳

百舌
Mozu

伯劳
Hakuro

鵙
Mozu

百舌鸟
Mozu

反舌
Hanzetsu

雀形目伯劳科伯劳属，拉丁文学名为 Lanius bucephalus，分布在东亚地区，在日本的繁殖地位于九州以北。牛头伯劳身长约 20 厘米，虽然身体相对较小，但它们习惯把猎物挂在树枝上保存，并且性格凶猛，可以攻击与自己大小差不多的鸟类或其他动物。牛头伯劳善于且习惯模仿其他鸟类的鸣叫，因此也被称为“百舌”或“百舌鸟”。日文名称“百舌”中的“百”表示一百种鸟类的叫声，后面再加一个表示鸟的后缀。自古以来，牛头伯劳响亮的鸣叫声一直被视为秋天的标志之一，而“伯劳鸟的叫声”属于典型的秋季季节性词汇。小林一茶描述这种鸟类的鸣叫时写道：“伯劳鸟的鸣叫 / 如此急躁 / 耐心耗光了吗？”以此表现了秋天的氛围和伯劳鸟的暴脾气。

蟻喰
丙申孟春廿九日
真寫

## 蚁䴕

## 蚁吸

Arisui

## 蚁食

Arisui

䴕形目啄木鸟科蚁䴕属，拉丁文学名为 Jynx torquilla，分布于欧亚大陆、北非、东南亚等地区，身长约18厘米，翅膀为褐色，后背为灰色带棕色斑点，而腹部为浅棕色，有棕色横斑，鸣叫声类似“奎”。蚁䴕得名“蚁吸”源于它们用细长舌头舔食蚂蚁和昆虫的习性。众所周知，蚁䴕与其他啄木鸟的习性不同，它们不会在树干凿洞，也不会迁徙。在西欧，据说因为这种鸟会模仿蛇的行为，所以被认为是不吉利的，并且据称这种鸟类还会用于表演魔术。此外，还有一种说法称由蚁䴕的属名“Jynx”衍生了“Jinx”这个词，意思是“不幸的，不走运的”。

嶋鴞

シマフクロウ

# 毛腿渔鸮

## 島梟
Shimafukuro

## 岛鸮
Shimafukuro

鸮形目鸱鸮科渔鸮属，拉丁文学名为 Ketupa blakistoni，分布于日本北海道、俄罗斯滨海边疆区、库页岛和千岛群岛，身长约 70 厘米，是日本境内目前已知的最大猫头鹰。毛腿渔鸮全身为灰褐色，有暗褐色纵纹，它的日文名称中虽然没有“ズク[1]”（zuku），但它们也有耳羽。自江户时代初期开始，毛腿渔鸮就被称为“岛鸮”，“岛”表示“特定且面积有限的地点”。毛腿渔鸮在日本的分布地区仅限于北海道，而北海道的阿伊努人[2]崇拜毛腿渔鸮，认为它们是“村寨的守护神”，因此很多民间传说中都有这种鸟类出现。现在，毛腿渔鸮已作为濒临灭绝物种被列入日本濒危动物红皮书名单，并已被指定为国家级保护动物。

1 “ズク”是表示“耳羽”的古老日语词汇，自平安时代以来就被使用。用来代指某些鸟类头部两侧类似于耳朵位置羽毛的词汇。

2 阿伊努人，日本原住民族之一。

# 冬季鸟类

鹗

鹗
Misago

雎鸠
Misago

美佐古
Misako

鱼鹰
Uotaka

觉贺鸟
Kakukanotori

鹰形目鹗科鹗属，拉丁文学名为 Pandion haliaetus，广泛分布在欧亚大陆、非洲和美洲，雄鸟身长约 54 厘米，雌鸟身长约 64 厘米，头部和身体下部为白色，胸部有褐色细条纹。它的日文名称“鹗”的语源被认为是源于它们在发现水中猎物后会突然下降并用爪探入水中捕猎的动作，即“探水”。此外，由于频繁悬停的动作，鹗的英文名称“Osprey”被用作军用飞机的绰号。到了江户时代，它们还获得了“鱼鹰”和“觉贺鸟”等别称。鹗还会将捕获的鱼丢在海边礁石的缝隙中，当猎物晒干并发酵后非常美味，最终收获一种被称为“鹗鲊”的鲜美发酵食物，据说这就是日本寿司的由来。

舟鳶又魚鷹

和名ミサゴ

和名類聚鈔曰

鴡鳩 ミサゴ

爾雅注云鴡鳩 和名美佐古 今按古語用覚賀鳥三字云加久加乃土利 見日本紀私記公望按高橋氏文云水佐古

鵰属也好在江邊山中亦食魚者也

鷹

廣雅云一歳名之黄鷹俗云和加太加二歳名
之撫鷹俗云加太加閉利三歳名之青鷹白
鷹今按青白随色名之俗説鷹白者
不論雌雄皆名之良太賀不論青白
大者皆名於保太賀小者皆名勢字漢語抄
用兄鷹二字為名所出未詳俗説雄鷹謂
之兄鷹雌鷹謂之大鷹也云云

# 苍鹰

大鹰
Otaka

苍鹰
Aotaka

鹰形目鹰科鹰属，拉丁文学名为Accipiter gentilis，雄鸟身长约50厘米，雌鸟身长约59厘米。苍鹰自日本奈良时代起就被称为“苍鹰”，平安时代起被称为“大鹰”。日本驯养猎鹰的历史悠久，而苍鹰是最常见的猎鹰。用于狩猎的猎鹰通常体型庞大而强壮，所以被称为“大鹰”。驯养猎鹰时，人们更喜欢体型更大的雌鹰。苍鹰和其他鹰在东方文化中通常表示孤傲的独行侠，古埃及有很多与鹰相关的神像，鹰在中世纪的欧洲被视为吉祥鸟。总之，自古以来，鹰一直深受人们的关注和喜爱。

交喙（イスカ）

清人俗称

砂仁鳥

鳥啼花笑

天保二寅年十二月十六日真寫

# 红交嘴雀

## 交喙
Isuka

## 鶍
Isuka

雀形目燕雀科交嘴雀属，拉丁文学名为 Loxia curvirostra，生活在欧亚大陆北部和北美洲的寒温带针叶林中，身长约 17 厘米，雄鸟为朱红色，雌鸟为灰褐色或棕褐色。日文名称“交喙”源于古词“交错”，因为这种鸟喙部的前端上下交错。英文名称“Red Crossbill”同样源于这个特征，“Crossbill”的意思是“交叉的喙”。江户时代，有人用这种鸟的喙比喻心术不正的人。在西方，传说中红交嘴雀为了拔出十字架上的钉子以解救耶稣而导致其喙部交叉扭曲，因此人们相信红交嘴雀是幸运鸟，可以保护人们避免疾病的侵害。

鳥賞安子出 青鵐（アヲジ）
阿尾知（アヲヂ） 黄雀（アノゲ）
出所不詳

本草曰
蒿雀（アヲミ）
アヲシトヽ

保三壬辰閏
青百貞寫

本草ニ曰シトヽトハ。頬白（ホヲジロ）。ノジコ
。マシコ。アヲシ等ノ惣名也故ニ
アヲシトヽト云蒿雀脳目ニトリ
黒焼ニシ赤トニ用ル一切ノ血ヲ止
金瘡ニツケ又舌ノ上ニ置ハ血止
或下血吐血衂血崩血血暈諸
薬ニシルシナキ時ニ用ユ諸毒虫ノサ
シタルニ効アリノ生タル蛇ニフリカケハ
即死ス蒿雀此功能妙驗アリト
云 青鵐ニ鳴アヲシ鳥ツラアヲシ
紅青シ 黒青シアリ

## 灰头鹀

青鹀
Aoji

蒿雀
Aoji Kojaku

青鵐
Aoshitodo

雀形目鹀科鹀属，拉丁文学名为 Emberiza spodocephala，主要分布于东亚的温带地区，身长约 16 厘米，身体主要为灰绿色，部分为黄色，雌性的羽色相对暗淡。日文名称“青鹀”的“青”表示“蓝（绿）色”，而现代日文中的“鹀”据称是奈良时代古名“鵐”的缩写。换句话说，“青鹀”是“蒿雀”这一别称在江户时代的简化结果。有一种说法认为“鹀”源于灰头鹀的鸣叫，还有一种说法认为这一名称源于雄性灰头鹀黑色的眼周很像日本古代女祭司的“烟熏妆”。汉字写作“青鵐”也是来源于此,其中的“鵐”是“巫”与“鸟”的结合。

蒿雀　クロジ

黒鵐 クロジ

大黒地小黒地酢砂鳥 アリ

丁酉三月六日捕

文ミ写

# 灰鹀

# 黑鹀
Kuroji

# 黒鵐
Kuroshitoto

雀形目鹀科鹀属，拉丁文学名为 Emberiza variabilis，分布于从俄罗斯堪察加半岛南部到千岛群岛，以及日本的有限区域（日本九州北部），喜欢阴暗茂密的森林。灰鹀身长约 17 厘米，雄鸟的羽毛颜色从头至尾分布深灰色和黑色，背部和翅膀有黑色纵斑，雌鸟背部为棕褐色，腹部颜色较淡，会发出“啁”或“叽”等刺耳的鸣叫声。自江户时代中期以来，灰鹀就有“黑鹀”和“黑执事”的别称，与同属鹀科的灰头鹀和三道眉草鹀相区分。其日文名称“黑鹀”中的“黑”与羽毛的颜色相关，而“鹀”据称是奈良时代古名“鹀”的缩写，类似灰头鹀（第 131 页）。灰鹀还有“黑麻雀”的别称。

# 頭高（カシラダカ）

正字未詳

天保三壬辰年十一月二日真寫

# 田鹀

## 头高

Kashiradaka

## 头鸟

Kashiradori

雀形目鹀科鹀属，拉丁文学名为 Emberiza Rustica，广泛分布于欧亚大陆北部的森林中，日本是它们的越冬地之一。田鹀身长约 15 厘米，雄鸟和雌鸟都有短羽冠，总体为棕色或深棕色，但换上夏羽后雄鸟的头部会变成黑色。自江户时代初期开始，它就被称为“头高”，源于它们经常把羽冠竖起的行为——竖起羽冠可以让田鹀的头看起来更高。尽管它的名称在日文片假名[1]的拼写中有“鹰”的意思，但田鹀的汉字书写为“头高”，它们并非鹰科物种。田鹀还有许多古别称，例如“头鸟”、“头鹀”和“美头”。田鹀生性谨慎害羞，因此很少在日本诗歌和文学作品中出现。

1 片假名在日语中通常用于表示外来语、公司名、外国人的名字、动植物的学名等专有名词。

# 鷺

小サギ

小鷺鳥ハ異邦ヨリ渡ラス夏月最味美ニメ尤重ニス夏月ハ鳥ノ食品稀也鷺ヲ最賞ス

丁酉年春孟陽
捕之真寫

大白鹭

大鹭
Daisagi

鹭
Sagi

白鹭
Shirasagi

白鹤子
Hakukakushi

虽然前页图中标注为“小鹭”，但它其实是一只大白鹭。鹈形目鹭科鹭属，拉丁文学名为 Ardea alba，分布广泛，常见于南半球和热带地区，身长约 90 厘米，全身覆盖白色羽毛。在奈良时代，统称为“鹭”或“白鹭”，并未与中白鹭、小白鹭等进行区分。关于“鹭”的语源说法很多,例如源自古文“白鸟”和“嘈杂的鸟”。早在《万叶集》和《平家物语》中就有关于鹭鸟的记载，可以看出日本人自古以来对它们的关注。自安土桃山时代以来，大白鹭开始被称为“大鹭”。纵观全球，鹭类都备受喜爱。例如，据称苍鹭曾被古埃及视为神鸟贝努鸟的原型，而贝努鸟在古埃及神话中象征着复活和生育。

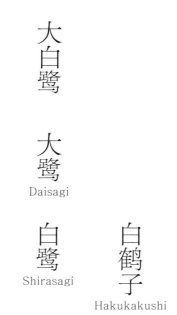

鶴
一種 アネハヅル
アネ羽ハ肥後ノ地ノ名 其地ニテ
始テ得タル故ニ此名アリ
丙申三月廿八日真寫

## 蓑羽鹤

## 姉羽鹤

Anehazuru

## 姉和鹤

Anewatsuru

鹤形目鹤科蓑羽鹤属，拉丁文学名为 Anthropoides virgo，分布于中亚和北非地区。尽管只有在迷失方向时才会偶然到访日本，但可能早在江户时代日本就已经全面引入这种鸟类。蓑羽鹤是最小的鹤，身长约 85 至 100 厘米，全身灰色，面部和前颈黑色，眼后有白色羽簇。蓑羽鹤的古代别称为“姉和鹤”，从奈良时代起俗称“鹤”，这可能是一个外来词（蒙古语或韩语），但发音发生了变化。在日本文化中，鹤是长寿的象征，而且民间流传着很多“例证”。据称，镰仓幕府的初代幕府将军藤源赖朝放生了一只蓑羽鹤，而这只鹤存活了超过400 年，一直活到了江户时代。

鶴
丁酉孟春下望三日寫

丹顶鹤

丹顶
Tancho

田鹤
Tazu

丹顶鹤
Tanchozuru

仙客
Senkaku

鹤形目鹤科鹤属，拉丁文学名为 Grus japonensis，生活在中国东北部和日本。明治时代[1]之前，日本全国各地都可以见到丹顶鹤，但目前的栖息地仅限于北海道。丹顶鹤是日本国家级特别保护动物，也是日本最大的野生鸟类，身长约 145 厘米。丹顶鹤大多通体白色，只有头颈和尾羽为黑色。雄鸟和雌鸟的外观差异不大，但雄鸟通常体型稍大一些。日文名称“丹顶”源于它们头顶处裸露的红色皮肤。“丹”，即红色；“顶”表示头顶。通常被称为“丹顶鹤”，但标准日文名称为“丹顶”。在奈良时代，“鹤”、“田鹤”和“白鹤”等别称经常代指丹顶鹤，而丹顶鹤的标准日文名称自江户时代开始普及。

1　明治时代（1868—1912），成立了明治新政府，急速地发展成近代国家。

黄雀

真鶸
Mahiwa

鶸
Hiwa

唐鶸
Karahiwa

金丝雀
Kinshijaku

金翅雀
Kinshijaku

雀形目燕雀科金翅雀属，拉丁文学名为 Carduelis spinus[1]，分布于欧亚大陆的东部和西部，身长约 13 厘米。雄鸟额头为黑色，头后部和背部为淡黄绿色，带黑色纵纹，胸部和腹部为黄绿色，下腹部为黄白色。雌鸟通常与雄鸟十分相似，只是羽毛颜色相对较浅。自平安时代起，黄雀就被称为“鶸”，江户时代被称为“真鶸”。关于日文别称“鶸”来源的说法很多，例如源自表示“小巧精致”的古词。黄雀很早就是日本广受欢迎的宠物鸟，并且金翅雀物种也是 18 世纪欧洲流行的宠物。后页左图描绘的是金翅雀，雀形目燕雀科金翅雀属，拉丁文学名为 Chloris sinica，身长约 14 厘米。

1　根据《中国鸟类分类与分布名录》（2017，科学出版社）及康奈尔大学鸟类实验室“世界鸟类大全”（*Birds of the World-Cornell Lab of Ornithology*），黄雀的学名已更新为 Spinus Spinus。

鶸 ヒワ
漢名不詳於中華書
出所未詳
河原鶸 カワラヒワ
漢名不詳
天保三壬辰十一月
二日真寫

辨色立成云

連雀

十二黄

重修有志

キレンジヤク

# 太平鸟

# 黄连雀

Kirenjaku

十二黄

Junio

十二黄雀

Junikojaku

雀形目太平鸟科太平鸟属，拉丁文学名为 Bombycilla garrulus，广泛分布于欧亚大陆和北美大陆的温带到极地地区，与小太平鸟（第 146 页）十分相似，都有独特的羽冠。因此，平安时代人们不加区分地将两种鸟类都称为“连雀”。在江户时代，两种鸟类有了不同的名称，“黄连雀”和“绯连雀”。太平鸟尾羽的末端是黄色的，这是它们与小太平鸟的区别。太平鸟别称“十二黄”，而小太平鸟别称“十二红”，因为它们都有 12 根尾羽。

十二紅
鎮江府志
赤連雀

# 小太平鸟

## 绯连雀

Hirenjaku

## 十二红

Juniko

雀形目太平鸟科太平鸟属，拉丁文学名为 Bombycilla japonica。该物种的分布地区相对有限，仅见于日本群岛以及俄罗斯沿海和朝鲜半岛。小太平鸟身长约 18 厘米，与太平鸟（第 144 页）十分相似，区别在于它们尾羽末端的红色。自从平安时代起，小太平鸟就与太平鸟合称为“连雀”。“连”表示“成串、连续”，源于它们多数时间成群活动的习性。过去，日本有一种“连雀商人”，这可能是因为他们背负着货物的样子让人联想到这种鸟，或者像候鸟一样迁徙。后来，连雀商人聚集形成的繁荣城镇也被称为“连雀”。

# 红腹灰雀

莺
Uso

| 莺鸟 | 琴弹鸟 | 莺姫 | 照莺 | 雨莺 |
| --- | --- | --- | --- | --- |
| Usotori | Kotohikutori | Usohime | Teriuso | Amauso |

雀形目燕雀科灰雀属，拉丁文学名为 Pyrrhula pyrrhula，从欧洲到北亚都有分布。红腹灰雀身长约 16 厘米，雄鸟背部为浅灰色和黑色，从面颊到喉部和腹部为深粉红色，雌鸟没有粉红色的部分，全身褐色。红腹灰雀能够发出类似单调哨声的柔和鸣叫，日文名称“莺”源自意为“吹口哨”的古词，而且这个名称自镰仓时代起就已经广为人知。此外，红腹灰雀雄鸟因为美丽的外表而得名“照莺”，意为“闪耀”；雌鸟和幼鸟因为相对单调的颜色被称为“雨莺”，意为“雨”。因此，雄鸟、雌鸟和幼鸟也合称为“晴雨鸟”。顾名思义，人们普遍认为，雄鸟鸣叫意味着晴天，雌鸟唱歌则预示着下雨。

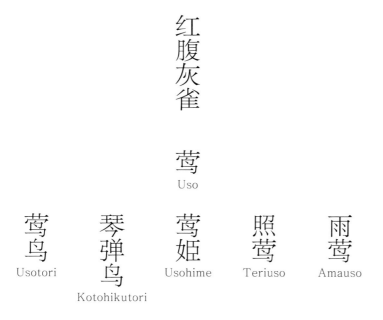

鷽 ウソ
本邦古ヨリ此字ヲ用ユ

陽春縣志
相思仔 ウソ

丙申二月三日
貞寫

孫愐切韻ニ云
鴲シメ
旻シ鳥メ
癸卯年九月二日寫真

# 锡嘴雀

鵑
Shime

| 比米 | 鵑鸟 | 此米鸟 | 铁嘴 | 豆鸟 |
| --- | --- | --- | --- | --- |
| Hime | Shimedori | Shimetori | Tetsushi | Mamedori |

雀形目燕雀科锡嘴雀属，拉丁文学名为 Coccothraustes coccothraustes，广泛分布于欧亚大陆的中部和北部。日本种群夏季在北海道繁殖，秋季向南迁徙。锡嘴雀体型矮壮，身长约 19 厘米，尾巴短，喙粗大，雄鸟头部为棕褐色，背部为灰褐色，眼睛和喉部周围是黑色，雌鸟颜色通常较浅。从奈良时代起锡嘴雀就被称为“比米”，在平安时代则被称为“比米”和“鵑”，江户时代被称为“鵑”。普遍观点认为日文名称“鵑”源于锡嘴雀发出的“嘶”和“促咦”的尖锐鸣叫，后面再加一个表示鸟的后缀。因为锡嘴雀和蜡嘴雀都以坚硬的植物果实为食，这两种鸟类也被称为“豆鸟”。

鵼

ヌエ
鬼ツグミ
虎ツグミ

国俗鵺ノ字ヲ用ユ不詳
鵼ノ字ハ和名抄ニ唐韻ヲ
引リ中華ノ書ニハ鵼ハ怪鳥
也ト云リ

乙未九陽十九日
真寫

## 虎斑地鸫

虎鸫

Toratsugumi

鵺

Nue

鵺鸟

Nuetori

鵺子鸟

Nuekotori

鬼鸫

Onitsugumi

黄泉鸟

Yomitsudori

地狱鸟

Jigokudori

雀形目鸫科地鸫属，拉丁文学名为 Zoothera dauma，从西伯利亚东南部到韩国、日本、中国南部以及东南亚都能见到。虎斑地鸫身长约 30 厘米，日文名称“虎鸫”源于它们布满全身的黑色鳞状斑纹，意思是“具有类似老虎斑纹的地鸫”。古名“鵺”源自《平家物语》中记载的怪兽——长着猴头、狗身、老虎四肢和蛇尾的怪物“鵺”。而且，据《平家物语》记载，源赖政用箭射死了这只怪兽。然而，由于它经常在夜间发出可怕的鸣叫，从奈良时代开始，虎斑地鸫也被称为“鵺”，在《万叶集》中还被称为“鵺鸟”和“鵺子鸟”。由于体型超过其他鸫鸟，因此虎斑地鸫还有一个俗名“鬼鸫”，“鬼”的意思是“到目前为止最大的”。

# 红肋蓝尾鸲

## 瑠璃鶲
Ruribitaki

## 雪鶲
Yukihitaki

雀形目鹟科鸲属，拉丁文学名为 Tarsiger cyanurus，夏季在亚洲东北部繁殖，冬季则主要在欧亚大陆南部越冬。在日本，红肋蓝尾鸲在北海道和本州的高地繁殖，并在本州以南越冬。这种鸟类身长约 14 厘米，雄鸟的头部和背部为蓝色，胸部和腹部为淡黄色，肋部为橙黄色，雌鸟的头部和背部为橄榄褐色。图中绘制的是一只雌性红肋蓝尾鸲。江户时代中期，它们被称为“瑠璃鶲”，而鸲类自平安时代起就以“鶲”的名字为人所知，意思是“燃烧的事物”，因为人们认为红肋蓝尾鸲发出的“窸窸”的鸣叫声类似敲击打火石和烈火燃烧的声音。此外，红肋蓝尾鸲还有一个别称——“雪鶲”。

ヒタキ

俗ニバカヒタキ

雌

乙未十月九日捕

綱貞寫

白鵯鳥 シジウカラ

四十雀

丙申九月十五日捕網

真寫

# 远东山雀

## 四十雀

Shijukara

## 白鵊鸟

Hakukyocho

## 四十雀奴

Shijukarame

雀形目山雀科山雀属，拉丁文学名为Parus minor，主要栖息在东亚地区。其身长约15厘米，面颊为白色，头部和胸部为黑色，背部为黄绿色，而腹部和腰部为灰蓝色。在平安时代被称为“四十雀奴”，在室町时代被称为“四十雀”，而“四十雀”这个日文名称源于它们“朱库朱库”或“什朱什朱”的鸣叫声。还有一种说法认为，“四十雀”的名字是由表示“数量很多”和“轻”的古词演变而来，形容四十雀小巧的外观。根据镰仓时代日本诗歌集《夫木和歌抄》的记载，日本寂莲法师[1]曾写道：“四十雀兮 / 栖于枝 / 啪啪声兮 / 唤晨曦 / 蛰伏之虫兮 / 无所遁。”

1 寂莲法师是日本平安时代末期的歌僧，原名藤原定长。

# 斑鸫

鸫
Tsugumi

乌马
Choma

豆久美
Tsukumi

雀形目鸫科鸫属，拉丁文学名为 Turdus eunomus，在西伯利亚地区繁殖，在中国和日本越冬，身长约 24 厘米。斑鸠的头部、背部和翅膀为深棕色，喉部和上胸部为淡黄色，带有深褐色斑点，叫声类似“咳咳”或“夸夸”。有说法认为日文名称“鸫”源于它啄食水果和坚果的习性。此外，由于斑鸫属于冬季鸟类，因此有一种说法认为其名字源于“捂住嘴巴”，表示“夏天听不到的叫声”。不过，斑鸫的生态习性已经证实了这种说法是错误的。有江户时代的文献描述斑鸫为“百舌”，所以也有观点认为当时有一种叫“闭口”的鸟其实是指伯劳。

# 雀鶫

ツグミ　諸州
テウマ　江戸

鶫（順和名抄）ツグミ　出所不詳

弘化己二年
卯月八日於竜
丘真写

雀鶫其味尤佳(ヨ)シ鷹匠家ニ三ツ物ト称スル八
雀鶫 赤腹 鵯(ヒヨトリ)也鳩ニ次ケリ雀鶫諸家
ニテ秋冬ノ間多ク取リテ味噌ニ淹テ節分ノ節
物トス是ニ豆ヲ加ヘテ祝儀トス豆ニ次身(ツグミ)ト云俗
語也又ツグミ能ク疫病ヲ避(サル)ト云 雀鶫ニ数種
アリ真(マ)ツグミトハテウマ也○磯ツグミ色青色
海辺ニ居ス○白ツグミ○眉(マミ)白○赤ハラ○八丈ツグミ
秋渡ル毛柿色嶋テウマト云○眉白ツグミハ色黒目ノ
上ニ白キ筋アリ日光ヨリ出ル雌ハ虎斑ナリ尤雛ノ時ハ
黒カラス時ヲシテ黒クナル腹ノ照リノ赤キハ赤腹ト云
白ツグミ腹白脊茶色茶ジナイ共云 鶫ツグミハ
鬼ツグミ虎ツグミト云赤茶色虎斑アリ

小ガラ
小陵鳥
天保二寅年十二月十八日真写

# 褐头山雀

小雀

Kogara

小陵鸟

Kogara Kogarame

十二雀

Junikara

雀形目山雀科山雀属，拉丁文学名为 Poecile montanus，分布广泛，主要见于欧亚大陆的中纬度地区。褐头山雀身长约 13 厘米，头部和喉部为黑色，背部和翅膀为灰褐色，胸部和腹部为白色，有时人们可能将其与煤山雀相混淆，但褐头山雀体型稍大。自平安时代起，褐头山雀就被称为“小雀”，意为成群的小鸟。似乎很早之前日本人就已熟悉褐头山雀这种野生鸟类，并且在许多诗歌中记录过这种鸟类。褐头山雀还有一种非常罕见的交配行为，称为“褐头山雀交尾”：雌雄成对地躺着，羽毛交叉。西行法师[1]曾在诗歌集《山家集》中这样描述：“山雀情意浓 / 形影不相离 / 枝头排排坐 / 耳鬓相厮磨。”

1　西行法师（1118—1190），俗名佐藤义清，平安时代末镰仓时代初期的歌人。

# 麻雀

雀
Suzume

须须美
Suzumi

嘉雀
Kajaku

雀为
Usume

雀形目雀科麻雀属，拉丁文学名为 Passer montanus，广泛分布于欧亚大陆的中纬度地区，身长约 14 厘米，头部为褐色，眼睛和喉部周围区域为黑色，背部为棕褐色并有黑斑，耳部羽毛为黑色。自奈良时代起就被称为“麻雀”，被认为是模仿其“叽叽喳喳”的叫声而得名。有一种说法认为其名字来源于表示“小”的词汇。麻雀可能很早就被日本人所熟知，平安时代人们似乎还会将麻雀的雏鸟作为宠物鸟饲养。根据《源氏物语》的描述，源氏光第一次见到紫姬时，10 岁的紫姬正因为麻雀被放走而哭泣。

雀 スヽメ ⿱小鳥

雀ハ其目夜盲ス衆鳥皆同故ニ小兒ノ眼昏後不見物ヲ是ヲ雀目ト云 潜確類書ニ雀四時有子

尾雀 賓雀 嘉賓 多識扁

癸巳年十月廿二日真寫

尾長鳧
サキカモ
ヲナガカモ
乙未臘月八日
真写

# 针尾鸭

## 尾长鸭

Onagagamo

雁形目鸭科鸭属，拉丁文学名为Anas acuta，广泛分布于北半球，是目前数量最多的鸭属物种。雄鸟身长约75厘米，头部和面部为深褐色，腹部为白色，背部布满了黑白相间的波状细横纹。雌性身长约53厘米，整体为褐色。针尾鸭的日文名称“尾长鸭”源于它们的长尾羽，而且这个名称在江户时代就已经得到了普遍认可。鸭子似乎是人类最早熟悉的鸟类之一，例如古埃及象形文字中就有针尾鸭的形象。此外，埃及第一王朝时代[1]的陵墓中描绘了用网抓捕针尾鸭和其他鸭类情形的壁画。

1　埃及第一王朝时代，公元前3200年—公元前2850年的古代王朝。

# 宠物鸟·家禽

# 红腹锦鸡

金鸡
Kinkei

锦鸡
Kinkei Nishikidori

赤雉
Akakiji

柿稚
Kakikiji

鸡形目雉科锦鸡属，拉丁文学名为 Chrysolophus pictus，分布于中国西南地区到缅甸北部。雄性红腹锦鸡身长约 90 厘米，体羽色彩艳丽：头顶有金色羽冠，后颈围有带黑色横纹的橙红色扇状羽，肩羽为深红色，腰部为金色，胸部和腹部为红色，尾羽浅褐色并带有深色网格状斑纹。雌鸟身长约 50 到 60 厘米，整体为褐色。据称红腹锦鸡在安土桃山时代被引入到日本，江户时代早期的《本朝食鉴》称其为“近年引入的外来物种”。江户时代中期的画家伊藤若冲[1]的画作——《雪中锦鸡图》和《白梅锦鸡图》描绘的都是红腹锦鸡。此外，锦鸡还是中国传说中天上的神鸟之一。

1 伊藤若冲（1716—1800），日本江户时期的画家，号斗米庵，擅长画花、鱼、鸟，尤其是鸡。

鷩雉
ニシキドリ
アカギン
今日キンケイ
山鷄 會徑
錦鷄 同上
金鷄 綱目
采鷄 周書
鵕鸃
丙申四月十六日
真寫

# 砂糖鳥

砂糖ヲ飼ニ用エ好食之
觜ノ赤ナルヲ桃花鳥ト云

天保八丁酉年二月廿八日予
小澤彈正宅ニ來リシニ
砂トウ鳥二羽損シタルヲ
真ハ寫セヨトアトウ同
廿九日払上真寫

丙申九月十五日捕網
真寫

# 蓝冠短尾鹦鹉

砂糖鸟

Satocho

倒挂

Tokei Tankuwa

倒掛

Tankuwa

桐花凤

Tokaho

铁嘴砂糖

Tetsuhashisato

鹦形目鹦鹉科短尾鹦鹉属，拉丁文学名为 Loriculus galgulus，栖息在新加坡、苏门答腊岛、加里曼丹岛和其他邻近岛屿。蓝冠短尾鹦鹉是一种与麻雀差不多大小的小型鹦鹉，身长约 13 厘米，上喙长而尾巴短，全身为绿色，但雄鸟有蓝紫色冠、黄色的后颈和红色的喉部与臀部。在江户时代，这种鸟类作为宠物鸟被引入日本。日文名称“砂糖鸟”源于蓝冠短尾鹦鹉偏爱甜水果和以糖为食的习性。较为罕见的是，它们有单脚抓住树枝倒挂休息的习惯，因此这种鸟类也被称为“倒挂”。因此，蓝冠短尾鹦鹉的英文名称也取其悬挂之意，称为“Blue-crowned Hanging Parrot”，即“蓝冠悬挂鹦鹉”。

緋音呼

緋音呼天明年中中華ヨリ長崎ヘ持渡リシハ
大小有皆砂糖ヲ飼トス何レモ音呼ノ類ハ食タル物
ノ粕ヲ吐クナリ音呼数種アリ
大華音呼　大紫音呼　小紫音呼　五色青海
音呼一名七色音呼　頭黒音呼　白音呼　青音呼
尾長青音呼　等也

喋喋吸蜜鹦鹉

猩猩鹦哥

Shojoinko

绯音呼

Hiinko

红音呼

Beniinko

绿翅红鹦哥

Ryokushikoinko

图中标注为“緋音呼”的鸟类是一只喋喋吸蜜鹦鹉，鹦形目吸蜜鹦鹉亚科，拉丁文学名为 Lorius garrulus，分布于马鲁古群岛，身长约 30 厘米，全身呈红色，但肩部有小的三角形黄斑，翅膀和腿部为绿色，尾羽末端为深紫色，江户时代中期作为宠物鸟引入日本。在江户时代，喋喋吸蜜鹦鹉经常与一种全身红色、翅膀和尾部为暗红色的短尾鹦鹉相混淆，因此被称为“绯音呼”。喋喋吸蜜鹦鹉的日文名称为“猩猩鹦哥”，其中“鹦哥”这个词来源于中文名的音译，“猩猩”则指的是一种虚构的红发动物，通常表示红色的动植物。

# 华贵折衷鹦鹉

## 大花鹦哥

Ohanainko

大鼻鹦哥
Ohanainko

大紫鹦哥
Omurasakiinko

洋绿鹦哥
Yoryokuinko

铁嘴音呼
Tetsuhashiinko

鹦形目鹦鹉科折衷鹦鹉属，拉丁文学名为 Eclectus roratus，分布于新几内亚岛和所罗门群岛等热带和亚热带地区，身长约 35 厘米。雌雄华贵折衷鹦鹉的羽毛颜色存在明显差异：雄鸟全身为绿色，翼下和两肩为红色，上喙是黄色、下喙是黑色；雌鸟以红色为主，腹部和翅膀为紫色，上下喙均为黑色。尽管羽毛颜色差异巨大，通过解剖、观察和研究雏鸟等现代技术已经证明了华贵折衷鹦鹉雌雄之间的亲缘关系。据称华贵折衷鹦鹉的雌鸟和雄鸟曾有着不同的别称：雌鸟被称为“大紫鹦哥”，而雄鸟被称为“大鼻鹦哥”，现在则统一称为“大花鹦哥”。

大紫音呼

緋音呼巴旦鳥大紫音呼
弘化二年二月八日勤友小澤氏
是養飼同氏真寫之圖三
葉請之真寫ス

# 红肛凤头鹦鹉

# 菲律宾鹦鹉

Fuiripinomu

# 巴旦鸟

Batancho

鹦形目凤头鹦鹉科凤头鹦鹉属，拉丁文学名为 Cacatua haematuropygia，属于菲律宾特有的物种。红肛凤头鹦鹉身长约 30 厘米，全身白色，部分尾羽和翅膀为黄色。据称鹦鹉类是在奈良时代引入日本的。鹦鹉以模仿人言的习惯而闻名，《枕草子》中也有记载："鹦鹉喜学舌，能讲人言。"由于通过苏门答腊岛的港口巴东或爪哇岛的港口万丹等进入日本，因此红肛凤头鹦鹉也被称为"巴东"或"万丹"。

巴旦鳥

此鳥巴旦國之鸚鵡也大巴旦小巴旦
アリ頭ノ連雀立タル所ハ連雀羽裏薄
丹色啼声至テ大キク能中物真似ナ
ヨクス鸚鵡ノ如シ覓テ音呼ノ類ナリ

金有屋（カナアリヤ）
正字未詳

天保三年辰壬十二月
二日真寫

カナアリヤー紅毛人長
崎ヘ持渡リ天明年中長
崎出嶌屋舗ニテ初テ
子ヲ取生立ツ其以前ハ
子ヲ取立ルコヲ知ラス今ハ
色々ノ変リアリ

加那利雀

金丝雀

Kanaria

カナアリア

Kanaaria

金丝雀

Kinshijaku

雀形目燕雀科金丝雀属，拉文丁学名为 Serinus canaria，广泛分布于非洲西部的加那利群岛、亚速尔群岛和马德拉群岛。日文名称“カナリア”（kanaaria）源于它们原产地的地名。金丝雀身长 10 到 14 厘米，羽毛颜色以黄色或黄褐色为基调，色彩美丽，再加上鸣声悦耳，自古以来就作为宠物鸟而广受欢迎。这种鸟类在江户时代中期引入到日本，到了江户时代末期已经作为宠物鸟遍及日本全境。可能因为它们备受欢迎的宠物身份，日本流传着很多与金丝雀相关的说法，例如“黄色的金丝雀是幸福的使者”“如果养的金丝雀被野猫杀死，你接下来两年会有厄运”“金丝雀冲入家中并用翅膀拍打玻璃杯通常意味着血光之灾”等。

文鳥 ブンテウ
甲午初冬
其日真寫

## 禾雀

## 文鸟

Buncho

瑞红鸟

Zuikocho

洋蜡嘴

Yoroshi

雀形目梅花雀科文鸟属，拉丁文学名为 Lonchura oryzivora，身长约 17 厘米，头部和尾部为黑色，面颊为白色，后背和胸部为蓝灰色，腹部为浅紫色，喙为亮深红色。正如英文名称“Java Sparrow”（爪哇麻雀）的字面意思，这种鸟原产于爪哇岛和巴厘岛，并已引入中国、印度、非洲等国家和地区。江户时代初期被引入日本，称为“文鸟”。不过，江户时代的本草集《本朝食鉴》中写道：“近期引进的国外物种，被称为‘文鸟’的美丽小鸟。”日文名称“文鸟”可能意味着“眉目传情”、色彩出众的小鸟。

櫻桃鳥 シマヒヨ

鳥賣安子出

嶋鵯 シマヒヨ

# 黑短脚鹎

## 黑鹎
Kurohiyodori

## 岛鹎
Shimahiyo

## 樱桃鸟
Otocho

雀形目鹎科短脚鹎属，拉丁文学名为 Hypsipetes leucocephalus，现代日文名称为“黑鹎”，不再使用旧名“岛鹎”和“岛鹎鸟”。黑短脚鹎从中亚到印度、中国南部和中南半岛都有分布，按照栖息地划分为 10 个亚种。有的黑短脚鹎外观为全身黑色，有的是头顶和面部为黑色而身体其余部分为灰色，还有的头部全部是白色而身体是黑色。直到昭和初期，黑短脚鹎一直被称为“岛鹎鸟”。江户时代的本草集《本朝食鉴》描述这种鸟类为“近代传入的外来鸟类”，并且有文献记载当时传入的物种是分布于中国东南部的白头黑短脚鹎，可能是黑短脚鹎东南亚种，拉丁文学名为 H.I.leucocephalus。

檀特鳥 タニドク

乙未仲夏亦有
廿日真寫

# 白腰文鸟

## 腰白金腹

Koshijirokimpara

## 檀特

Dandoku

雀形目梅花雀科文鸟属，拉丁文学名为 Lonchura striata，分布于中国南部地区及中国台湾等地。白腰文鸟身长约 11 厘米，头部、背部、面部和喉部为黑褐色，腹部为白色。此前，据称北印度犍陀罗古国“檀特山”附近生活着白腰文鸟的一个亚种，而且据称白腰文鸟来自檀特山，因而得名“檀特”。白腰文鸟在江户时代中期作为宠物鸟引入日本，并在日本进行了人工繁育改良。自江户时代中期起，白腰文鸟在日本被称为“十姊妹”。因此，“檀特”也称为“金腹文鸟”。

秦吉了
サルカ
キウガン

唐會要曰能ク言フ勝リ于鸚鵡ニ黒色
両眉獨リ黄ナリ一云色白ク頂微黄頂毛
有縫云々
范石湖桂海志曰鸚鵡如ク兒女ノ吉了ノ
聲ハ則如ク丈夫ノ異國ヨリ來ル

鹩哥

九宫鸟
Kyukancho

九宫
Kyukan

秦吉了
Shinkitsuryo Saruka

雀形椋鸟科鹩哥属，拉丁文学名为 Gracula religiosa，分布于印度东部、印度尼西亚、泰国等地，身长 30 到 40 厘米，整体为黑色，但翅膀有部分白斑。鹩哥眼睛下方和头后部有黄色肉垂，喙为橙色。这种鸟类擅长模仿人类的语言以及其他鸟类的鸣叫，一直都是深受人们喜爱的宠物鸟。江户时代初期，鹩哥被引入日本，日文名称“九宫鸟”源于将这种鸟带入日本的人的名字是“九宫”。九宫向人夸耀称“这只鸟可以说出我的名字”，目的是展示鹩哥模仿人类语言的能力。但是，却被误解为鸟的名字，因此鹩哥别称“九宫”。此外，鹩哥也有从外来词衍生的“秦吉了”等别称。

鳧鴨
アイカモ
カモアヒロ
呑懐食鏡出
鶩 阿比留
即鴨也
稱ス家鴨ト
鴨ヲカモトスルハ非也鴨ハアヒロナリ 家鴨ハ
其性皆同而種類ナシ羽色ハ様々ニ色替
ル鳧ニ交タルヲ。アイカモト云泉水溜澤カ
モノ来リテ長ク居付カサランニハ合カモヲ多ク
放シ置ハ鳧鶩舗来ッテ去ラス我ガ友ト見ル
ベキ故也白鴨ハ卵共ニ中症ノ薬ニ効アリ黒
鴨ハ肉ニ毒アリ殺スヲ云フ甚月ハ鳥肉ノ食
フモノ少シ鵁鶄ヲ賞翫トス市中ニテ往々鴨
ノ肉ヲ以テ青鷺ト偽リ鬻食ハシム鴨ハ甚月
味美ニシ鳧ヨリ劣ル
天保九戊戌年正月
廿七日求之眞寫

# 绿头鸭

# 合鸭
Aigamo

# 鸣鹜
Nakiahiru

雁形目鸭科鸭属，拉丁文学名为Anas platyrhynchos。自日本江户时代起，这种鸟类就是日本广为人知的野鸭与家鸭的杂交物种，被称为“鸣鹜”和“合鸭”。绿头鸭的毛色艳丽，身体形状和大小通常与原种鸭相似，但很多方面仍存在较大差异，因此可能很难一眼区分雄性和雌性。“鸣鹜”的别称可能源于它们经常鸣叫的习性，而“合鸭”则因为这是一种杂交物种。人类驯化鸭类的历史十分悠久，据称可以追溯到古埃及时期，而东亚地区甚至更早。

黒鶏 ミニクロト云 烏雌雞

丙申初夏二日 真寫

# 黄雌鶏 カシワ

本草約言曰五更陽外雞感ニ其氣ニ而鳴ク本草ニモ羽ノ
色ニヨツテ性各異リ其功能何レモ多シ本草黄雌雞其
性最ヨキ事ヲ充時珍モ脾胃ヲ益ニ他雞ヨリ性勝レリト
ト云國俗以黄雌雞亦其黄ナル者爲勝レリト
本草ニモ附后方ヲ引テ金色脚ノ黄ナル者雌雞ヲ用ル事
アリ本草黄雌ノ主治ニ餛飩ナト様々料理ノ法アリ各
病ヲ治スル法アリ弘景曰小兒五歳以下食雞ヲ生蚘蟲ヲ
達生録曰大抵三年老雞不可食毒在頭ニ殺人ヲ
顯昭袖中抄曰雞ヲハ八聲ノ鳥ト云曉ニハ初鳥中鳥
屢鳥ト三陣ナリ初鳥ニハ必八聲鳴也ト云ル

丙申初夏三日真寫

鷄
ニワトリ
ジトリ
油トリ
丹雄雞
己亥七月廿有六日
庭園甚者真写
洞机下寫

家鸡

鸡
Niwatori

| 庭津鸟 | 常世鸟 | 长鸣鸟 |
| --- | --- | --- |
| Niwatsutori | Tokoyonotori | Naganakidori |

鸡形目雉科原鸡属，红原鸡（Gallus gallus）的一个亚种，拉丁文学名为 Gallus gallus domesticus。据称家鸡是由东南亚原种鸡驯化而来的，公鸡身长约 72 厘米，母鸡身长约 52 厘米。传说印度驯化的家鸡在公元前 3200 年左右就已经传播到了世界各地，并经由中国和朝鲜传入日本。不过，这个理论目前仍有很多不确定的内容。家鸡的日文名称“鸡”源自古文“庭鸟”，意思是“花园内随意放养的鸟”。在古代的西方世界，鸡被视为太阳神的信使，因为雄鸡总是用鸣唱迎接黎明。此外，鸡蛋被视为春天新生命的象征，在基督教中，还有使用鸡蛋绘制彩蛋以庆祝复活节的习俗。

# 日本矮脚鸡

## 矮鸡

Chabo

鸡形目雉科原鸡属，是家鸡的一个品种，拉丁文学名为Gallus gallus var. domesticus。日本矮脚鸡源自越南原种鸡，是江户时代通过中国引入日本后繁育改良的品种。自江户时代以来，日本已经选育了许多新的家鸡品种。日本矮脚鸡比普通家鸡小且腿短，尾羽直立。日本矮脚鸡在很多国家或地区的名称与其原产地相关，例如日文名称“矮鸡”据称来自中南半岛的古代王国名——“占城”（现在的越南），而英文名称“Bantam”可能同样源自爪哇岛西部港口城镇万丹的名称。自古以来，日本矮脚鸡一直被视为国宝级观赏性鸟类，并已被指定为日本的国家级保护动物。

矮（ワイ）雞（ケイ）

チャボ

己亥八月五日於
真寫堂園中
養之者寫

本草

鶻嘲

一名鶌鳩 爾雅 鄭樵之許音骨嘲

鷽鳩 本草 阿鵴 同上雜俎

俗曰八ツ頭鳥

蠻名コローン 若ホーゴル鳥ト云

寛政七卯年蛮舶来ノ者

# 蓝凤冠鸠

## 冠鸠
Kammuribato

## 鹘嘲
Kotsucho

## 冠鸟
Kamuridori

鸽形目鸠鸽科凤冠鸠属，拉丁文学名为Goura cristata，身长约70厘米，是鸠鸽科最大的物种，也是印度尼西亚特有的物种，分布于新几内亚岛附近。蓝凤冠鸠身体大多为蓝灰色，翅膀的颜色更深，头顶有美丽的羽冠，而且羽冠展开时呈扇状。这种鸟类在地面觅食，以水果、种子和昆虫为食。有“冠鸟”“鹘嘲”等别称。据称蓝凤冠鸠在江户时代中期从荷兰引入日本，长崎著名皇室画家石崎融思[1]曾在其画作中描绘过蓝凤冠鸠。由于当时被认为是像“火鸡”的鸟，因此使用了这个名字。

1 石崎融思（1768—1846），是江户时代后期的长崎派画家。

マナクドウトット
丙申孟春廿九日
真寫

# マナクドウトット

Manakudoutotto

《梅园禽谱》中有此种鸟类的插图，但由于尚不确定图中鸟类所对应的现代鸟类分类，故不做过多介绍。只保留《梅园禽谱》中的日语片假名名称，并搭配罗马音读音注释。

# 風鳥　フウテウ

大和本草ニ云鸛鸖俗ニ風鳥ト云又風切ト云燕ノ類ナリアマツバメト云稀ニ有之鸛鸖ト風鳥ハ別者ナリ風鳥モ短豆ナリ風切ト混説ス鸛鸖ノ條ニ詳ニス

# 大极乐鸟

大风鸟
Ofucho

风鸟
Fucho

无对鸟
Mutaicho

雾鸟
Mucho

极乐鸟
Gokurakucho

雀形目极乐鸟科极乐鸟属，拉丁文学名为 Paradisaea apoda，分布于新几内亚岛和附近的阿鲁群岛。身长约 46 厘米，雄鸟的头部和颈部为黄色，喉部绿色，胸部栗褐色，肋部有长约 50 厘米的淡黄色装饰羽毛。16 世纪，去掉腿部的极乐鸟（包括大极乐鸟）剥制标本出口到了欧洲，生物学家依据羽毛标本确定了它们的属名（Paradisaea 在希腊语中表示“天堂”，大极乐鸟别称“大天堂鸟”）。由于标本没有腿脚，当时的人们相信这种鸟类来自天堂，一生在空中度过，从不落地。大极乐鸟的日文名称“大风鸟”和英文名称“Greater Bird of paradise”可能都源自它们的属名。剥制术（动物标本）于江户时代初期传入日本。

壽帶鳥
南蘋沈銓寫
丙申九陽十一月縮寫
壽帶鳥未見之故沈氏東寫
一軸予所持此縮寫而合禽譜

# 印度寿带鸟 寿带鸟

Jutaicho

雀形目王鹟科寿带属，拉丁文学名为 Terpsiphone paradisi，分布于印度和东南亚地区。雄鸟身长约 47 厘米，长尾可达身体的两倍以上，有尖状的羽冠，头部是黑色，眼睛周围是蓝色。有些个体有白色的翅膀和身体（白色型），其他个体有红褐色的翅膀和灰色的胸部和腹部（红色型）。雌鸟身长约 21 厘米，尾巴短且身体为深红褐色。“寿带鸟”这个词的语源不明。在斯里兰卡，人们认为这种鸟类是人类窃贼所变，体羽的颜色取决于被盗物品的颜色。白色寿带鸟被称为“棉贼”，红褐色寿带鸟被称为“火贼”。

本书参考书目：

《江户鸟类图鉴》（堀田正敦 著 / 铃木道夫 编辑 / 平凡社）
《三省堂 世界鸟类百科全书》（吉井正 监制 / 三省堂编修所 编辑 / 三省堂）
《图解鸟名起源词典》（菅原浩、柿泽良三 著 / 柏书房）
《日本国语大辞典 精选版》（小学馆）
《世界博物图鉴》（第 4 卷《鸟类》）（荒俣宏 著 / 平凡社）
《全球美丽鸟类的神话和传说》
[蕾切尔・沃伦・查德（Rachel Warren Chad）、梅里安・泰勒（Melian Taylor）著 / 上田惠介 监制 / 普雷西南日子、日向弥生 译 /X 知识出版社]
《鸟类图鉴》（本山贤思 绘、著 / 上田惠介 文字监制 / 东京书籍）
《鸟类笔记》（尚学图书 编辑 / 小学馆）
《鸟名》（大桥弘一 著 / 东京书籍）
《日本大百科全书》（小学馆）
《日本鸟类目录》第 7 版修订版（日本鸟类学会）
《日本野鸟岁时记》（大桥弘一 著 / 夏目社）
《大英百科全书》日文版（日本百科全书）
《常见野生鸟类名称的由来》（大桥弘一 摄、著 / 世界文化社）
《山与溪谷文库 野鸟的名称及其由来》（安部直哉 著 / 叶内拓哉 摄 / 山与溪谷出版社）

田岛一彦

1946年出生于东京。1969年毕业于日本多摩美术大学设计专业，随后在资生堂广告部从事广告工作，最终担任该公司创意总监。2005年起，田岛一彦成为一名独立艺术总监。个人获奖经历：朝日广告奖、每日广告奖奖、读卖广告设计奖、富士产经广告奖、日经广告奖、电通奖、ACC奖、日本杂志广告奖、纽约电影节奖等。

监制

大桥弘一

野生鸟类摄影师。1954年出生于东京，毕业于早稻田大学法律系。除了为众多画册和书籍提供摄影作品，他还积极通过各种活动宣传野生鸟类的魅力，例如在报纸和杂志上发表连载文章以及参加电视和广播节目等。大桥弘一因为对野生鸟类的独立研究享誉盛名，例如关于鸟类名称和鸟类相关传统与传说的考究，以及日本古典文学中关于鸟类的描述等。他的主要著作包括《鸟类的名称》（东京书籍）《日本野鸟岁时记》（夏目社）和《常见野生鸟类名称的由来》（世界文化社）。大桥弘一也是日本鸟类学会和日本野鸟学会的会员。